中国二氧化碳减排和环境协同效益评价模型的构建与研究

杨 曦 滕 飞 著

资助项目：国家重点研发计划（2016YFA0602702）、国家自然科学基金（71704187）、北京市社会科学基金（17GLC045）和中国石油大学（北京）青年拔尖人才。

科学出版社

北 京

内 容 简 介

中国正面临着气候变化、环境污染和经济可持续发展等诸多挑战，亟须通过协同治理协调多个政策目标，统筹应对。本书聚焦应对气候变化与空气污染协同治理这一热点问题，构建了二氧化碳减排和效益分析的综合评估模型，从协同效益分析的新视角评估了我国应对气候变化减排目标的环境协同效益。本书的研究表明，我国实现2030年碳排放达峰的减排目标与我国空气质量达标的治理目标是一致的，通过实现二氧化碳和大气污染物的优化减排可以有效实现两者的协同治理。

本书适合关注气候变化、能源系统优化、能源与气候模型及协同效益的科研人员和对该领域感兴趣的研究人员阅读。

图书在版编目（CIP）数据

中国二氧化碳减排和环境协同效益评价模型的构建与研究 / 杨曦，滕飞著. —北京：科学出版社，2019.11
ISBN 978-7-03-062946-3

Ⅰ. ①中… Ⅱ. ①杨… ②滕… Ⅲ. ①二氧化碳-减量化-排气-研究-中国 Ⅳ. ①X511

中国版本图书馆 CIP 数据核字（2019）第 241003 号

责任编辑：王丹妮 / 责任校对：陶 璇
责任印制：吴兆东 / 封面设计：无极书装

科 学 出 版 社 出版
北京东黄城根北街 16 号
邮政编码：100717
http://www.sciencep.com

北京虎彩文化传播有限公司 印刷
科学出版社发行 各地新华书店经销

*

2019 年 11 月第 一 版　开本：720×1000　B5
2020 年 1 月第二次印刷　印张：12
字数：242 000
定价：96.00 元
（如有印装质量问题，我社负责调换）

前　言

国际气候变化的研究焦点正从评估减缓气候变化的成本转向分析气候变化的协同效益。当代中国正同时面临着温室气体减排、空气质量改善和经济可持续发展等诸多挑战。从效益分析的新视角展开更为全面的研究，不仅是优化能源结构和减排温室气体的需要，也为我国未来气候政策的制定提供了更为有力的支撑。

围绕这一重要研究需求，本书构建了二氧化碳减排分析和效益评价模型平台，并在此基础上，从以下三个方面展开研究：①以往能源模型同环境的连接多基于燃料消费或活动水平，不能实现综合优化。本书在技术层面建立了能源系统和环境评价的连接，拓展了能源技术评价模型的效益分析功能，为实现能源环境政策的综合评价提供了研究工具和分析方法。②通过情景设计研究了不同能源排放情景和末端处理情景的组合，分析了能源及二氧化碳减排政策与环境政策的协同。③提出了考虑协同效益的边际减排成本曲线。在边际减排成本曲线方法学上纳入协同效益分析，利用考虑了协同效益的边际减排成本曲线，分别进行部门层面和全经济层面的成本效益分析。

本书的主要结论和贡献有：①在基准情景下，我国一次能源消费及二氧化碳排放将持续增加，虽然通过加强末端处理措施，可以有效地控制常规污染物的排放并显著改善环境质量，但距离我国实现空气质量全面达标的要求仍有差距。②深度减排二氧化碳的情景下，我国能源结构得到有效的优化，在此基础上加强末端控制力度，实施源头控制和末端治理的协同控制，能带来显著的减排效果。2030年可以基本实现空气质量全面达标。③二氧化碳减排的效益与人口密度和区域发展水平密切相关，导致不同区域间效益差异显著。此外，二氧化碳减排效益和末端治理水平密切相关。最严格的末端控制情景下，效益将从参考情景下的117.8元/吨CO_2下降至35.1元/吨CO_2，但仍然存在可观的正效益，并对由二氧化碳减排带来的GDP（gross domestic product，国内生产总值）损失有一定的补偿作用。本书研究基于模型情景分析，可以为推进上游的节能和实现末端污染物减排的综合优化提供数据支持和政策建议，为能源和环境模型的链接及优化提供基础。

当然，气候变化和环境综合治理的协同控制问题是一个复杂的理论和现实问题。尽管笔者已经努力修改和完善书稿，但由于学识有限，书中难免存在不足之处，敬请学术师长、同行专家和各方读者批评指正。

目 录

第1章 绪论 ··· 1
  1.1 研究背景 ··· 1
  1.2 气候变化和经济的相互影响 ·· 4
  1.3 协同效益的概念和各方面体现 ··· 7
  1.4 基于能源模型的相关研究 ·· 11
  1.5 研究思路 ·· 15

第2章 China-MAPLE 模型的设计与构建 ··· 18
  2.1 模型构建的框架 ·· 18
  2.2 气候变化与经济影响的模型研究 ··· 20
  2.3 模型的主要原理和变量 ··· 25
  2.4 主要社会经济参数 ··· 33
  2.5 资源供给 ·· 35
  2.6 能源加工转换部门 ··· 42
  2.7 终端能源需求部门 ··· 45
  2.8 基年校准和数据来源 ·· 49
  2.9 污染物排放模块 ·· 52
  2.10 协同效益估算模块 ··· 53
  2.11 本章小结 ·· 53

第3章 基于技术的能源环境连接 ··· 55
  3.1 气候政策综合评估中的协同效益 ··· 55
  3.2 从国别研究看协同控制的重要性 ··· 58
  3.3 大气污染物排放历史和现状 ··· 63
  3.4 污染物排放系数 ·· 65
  3.5 污染物排放控制技术 ·· 76

3.6 本章小结··78

第 4 章 参考情景结果及分析··80
 4.1 参考情景的主要结果分析··80
 4.2 模型结果对比和因素分解··102
 4.3 参考情景下常规污染物排放··104
 4.4 边际减排成本曲线··107
 4.5 本章小结··111

第 5 章 强化末端、深度碳减排和协同控制情景分析························113
 5.1 情景设置··113
 5.2 强化末端控制情景··117
 5.3 深度碳减排情景···124
 5.4 协同控制情景··132
 5.5 本章小结··139

第 6 章 考虑环境效益的边际减排成本··141
 6.1 协同效益的量化衡量··141
 6.2 局部均衡模型对外部性的处理：考虑协同效益的边际减排
   成本曲线··143
 6.3 水泥行业的边际减排成本曲线··145
 6.4 全经济部门考虑协同效益的边际减排成本曲线························151
 6.5 本章小结··157

第 7 章 结论及建议··159
 7.1 结论及主要政策建议··159
 7.2 研究特点和创新之处··161
 7.3 研究侧重点··162

参考文献··164

致谢··185

第1章 绪　　论

本章主要从研究的背景出发，首先在 1.1 节分析了我国面临的包括气候变化在内的多重严峻挑战。而后在 1.2 节主要从气候变化和经济系统相互影响的八个维度出发，着重分析了气候变化和经济的相互作用，指出应对气候变化既有减排成本也存在显著的效益。1.3 节进一步对气候变化的协同效益从概念和内涵到主要的表现形式进行了分析，指出环境健康的协同效益是气候减缓行动协同效益的主要方面，并对国内外的主要研究及结果进行了综述。基于以上各节对协同效益重要性的渐进论述，1.4 节对比和列述了对协同效益进行量化研究的模型研究工具，将使用最优经济增长、一般均衡模型和局部均衡模型等三种主流建模方法对二氧化碳减排和协同效益进行的分析做了对比，并分析了各自的优点和局限性。最后，1.5 节总结了现有的问题，给出了本书主要试图回答的问题，以及主要的研究内容、研究步骤、研究路线和结构安排。

1.1　研究背景

1.1.1　我国面临气候变化和多重严峻挑战

近年来，全球气候变暖的大背景下，极端气候事件频发，气候变化问题日益受到人们的关注。政府间气候变化专门委员会（Intergovermental Panel on Climate Change，IPCC）第四次评估报告[1]中指出，"近五十年内，气候变暖有 90%的可能性是和温室气体浓度的增加相关"。在最新发布的 IPCC 第五次评估报告[2]中，进一步确认"造成 20 世纪中期以来气候变暖的主要原因，非常有可能是人为的影响"。因此，应对气候变化的关键是降低因人类活动所引起的温室气体排放量。自哥本哈根气候变化大会以来，各国已就到 21 世纪末将全球地表平均温升控制到工业化前 2℃之内作为减排的长期目标达成了政治共识。

中国是温室气体排放大国，在国际社会上承担着巨大的减排压力。同时，中国目前正处在工业化的末期，并快速进入城镇化进程的中期，因此能源依然是我国经济发展的重要基础。近年来，我国一方面提高可再生能源比例，另一方面提高能效，已经在节能减排的道路上取得了显著的成果。但是，我国的能源消费总量依然快速增长，并且能源的利用效率依然低于发达国家平均水平，单位能源使用的GDP产出仍然低于世界平均能源强度水平。同时，化石能源的对外依存度仍然较高，我国的能源结构仍然是以以煤为代表的化石能源为主，这给维护我国的能源安全带来了巨大的压力。

2013年华沙气候大会提出"所有缔约方在2015年需通报国内自主决定的贡献（intended nationally determined contribution，INDC）"[①]，并且 IPCC 评估报告指出，为了在21世纪末将全球温升控制在2℃内，温室气体的浓度应当稳定在 450×10^{-6}，全球排放需要在2050年比2010年减少40%~70%。对我国而言，温室气体排放目前仍处于爬坡期，实现减排目标需要付出更多的额外努力。因此，实现二氧化碳的深度减排和各部门能效的进一步提升对我国尤为重要。

与发达国家不同，我国在承担着较大的温室气体减排压力的同时，还面临着环境污染、能源安全、人类健康和经济发展等多重挑战。能源方面，我国仍然面临着能源需求全面超过供给能力的压力。此外，我国能源对外依存度居高不下，能源安全面临巨大挑战。环境方面，过去几年大气污染现象在我国的中东部地区加剧，尤其在京津冀地区以及沿海的长三角和珠三角地区，多次出现严重雾霾现象。保持现有的环保力度，依然有不少城市面临空气质量不达标的问题。大气雾霾问题演变成与公众健康直接相关的重大民生问题并引起公众强烈关注。当前我国政府仍然面临着来自多方面的严峻挑战，需要从解决多重问题的角度出发，寻求能源、环境、经济和社会良性共存和发展的低碳道路。

1.1.2 应对气候变化的成本和效益

应对气候变化需要付出相对应的经济成本。在以往的气候变化经济学中，大量研究关注的是气候变化所造成的影响和损失，以及由于采取了适应和减缓气候变化的行动所带来的减排效果和经济成本。气候变化经济学的系统研究从20世纪90年代就已经开始，但应对气候变化的经济成本真正引起广泛关注是因为2006年世界银行首席经济学家 Nicholas Stern 发布的研究报告，即著名的《斯特恩报

[①] The nineteenth session of the Conference of the Parties (COP 19) took place from 11 to 22 November 2013 in Warsaw, Poland. https://unfccc.int/process-and-meetings/conferences/past-conferences/warsaw-climate-change-conference-november-2013/cop-19.

告》。报告中明确提出,气候变化将给经济、环境和人类生活带来影响,并且随着温室气体排放的增加,采取适应和减缓行动的成本在温度较高时会同时增高,推迟减缓行动会带来更大的代价和成本[3]。此后,IPCC 第四次评估报告强调了气候变化会对农业、水资源分布、陆地生态系统及人类健康造成重要的影响,以及适应和减缓温室气体排放的主要措施等。在此基础上出现大量基于能源经济模型的针对气候变化相关的成本研究,如 Paltsev 等[4]、Goulder 和 Pizer[5]的研究以及围绕该问题的争议。IPCC 第五次评估报告指出,实现 2100 年将温室气体浓度稳定在 450×10^{-6} 的情景会导致全球消费的损失,在不计算减少气候变化的效益及其他共生效益的情况下,相比基准情景全球总消费将在 2030 年减少 1%~4%(中位数 1.7%),在 2050 年减少 3%~11%(中位数 4.8%)。但 IPCC 第五次评估报告中明确指出,应对气候变化的相关行动同时也会带来明显的效益,主要的效益包括两个部分,一是相对于不减排情景下避免的气候变化负面影响的成本,二是在空气质量、能源安全、社会就业等其他非气候变化领域相关的协同效益。

2014 年发布的《中美气候变化联合声明》中明确指出,"经济证据日益表明现在采取应对气候变化的智慧行动可以推动创新、提高经济增长并带来诸如可持续发展、增强能源安全、改善公众健康和提高生活质量等广泛效益"[6]。

近年来,随着气候变化的负面影响日益显现,在同时面临多重压力的情况下,我国推进二氧化碳减排工作和实现经济可持续发展,需考虑因积极采取气候变化措施所带来的收益,实现能源、环境、社会、经济的多方共赢,成为气候变化经济学的最新发展方向,同时也是多目标决策下更切实际的立足点。而从国际层面,从应对气候变化的效益出发可以将目前以减排成本和成本分担为核心的气候谈判从"零和博弈"的泥沼中拉出来,有利于各国认真审视本国的核心利益并在此基础上提出更为现实可行的减排行动目标,也有利于全球向将温升控制在 2℃之内的目标迈进。

1.1.3 二氧化碳减排的协同效益

应对气候变化的行动在经济发展、社会就业、能源安全和环境健康等领域均存在着协同效益。例如,减少温室气体排放和提高能源的利用效率等技术及措施会在不同方面带来协同效益,主要体现在提高行业竞争力、增加绿色就业机会、增强能源安全和增加实际收入以促进减贫,以及减少相关有害气体的排放以增加健康收益和社会福利等方面。表 1.1 分别从不同的经济层面分类总结了这些潜在的协同效益。

表 1.1　减少温室气体排放主要措施的潜在协同效益

个人层面	部门层面	国家层面	国际层面
带来健康收益和社会福利影响； 减少贫穷：能源可负担性和可获取性； 增加可支配收入	提高行业生产力和竞争力； 能源供应商/基础设施效益	创造更多的就业（也可能造成一部分失业）； 能源相关的公共支出降低； 能源安全； 宏观经济效应（如实际收入增加）	减少温室气体排放； 削减能源价格； 自然资源优化管理； 实现可负担的能源发展目标

研究发现，截至目前，本地和区域大气污染导致的健康损害的减少是温室气体减排带来的最大协同效益。能源活动的主要影响体现在经济社会发展和与能源活动相关的环境现状等。临床医学的研究证明，能源活动会对人类健康等方面造成影响。例如，电力行业对经济社会的影响体现在经济增长和结构调整，以及新能源发电就业岗位的增加等方面；对环境的影响一方面体现在有害气体如二氧化硫、氮氧化物等的排放方面，另一方面体现在噪声、电磁辐射和温度影响等方面；对人类健康的影响则体现为呼吸系统和心血管系统相关疾病的发病率增加。

1.2　气候变化和经济的相互影响

气候变化与经济系统有着复杂的相互影响。经济与气候共存于一个反馈回路。经济活动会产生温室气体（greenhouse gas，GHG），而温室气体会在大气中积累，造成辐射、温度和其他气候变量的增加，如降水和大风。反过来气候变化又会对实体经济及其他具有经济价值的环境、金融和社会资产等产生影响。同时，这些因素会影响温室气体排放，从而构成一个反馈回路。在目前大部分研究中，气候变化的学术文献往往更多地考虑反馈回路中温室气体排放与气候变化对经济的影响之间的关系[6]。

气候变化对经济的影响主要体现在以下两个层面：①通过影响因子存量和生产率，以及这两者的增长率进而影响经济。②通过影响代理人实现最优化目标的行为方式来影响经济。例如，未来世界的不确定性会影响居民的生活方式，可能从而会使对医疗保健或空调的需求增加；或气候变化可能会影响到生物多样性。从主要的相互作用方面来看，可分类为八个关键的方面，分别在以下各小节中阐述。

1.2.1 气候变化对经济的直接影响及时间尺度

气候变化对不同行业的影响不同，其中一部分行业易受到气候变化的直接影响。典型的经济学研究的重点行业有农业、林业、能源和水资源利用，以及沿海地区的医疗保健和旅游经济活动等。

由于温室气体排放产生的影响可以延续几个世纪，因此时间尺度的研究是一个重要问题。还应注意的是，一些模型估计气候变化经济影响的方式是动态的，因此需要估计每一个时期内气候变化所产生的经济成本或者经济收益，但是对这种影响的描述实际上是静态的，因为在每一个时间段气候变化的影响都是独立的，彼此之间并不会产生影响。

1.2.2 气候变化对行业间相互作用的影响

气候变化给行业带来的冲击是多样的，如：①气候变化将直接影响到农业经济的贸易条件；②气候的变化可能会影响到能源使用的标准和能源的价格，这会影响到所有需要耗用能源的部门；③直接的健康影响会影响到劳动生产率，从而影响到相关部门的收入和生产力。

1.2.3 气候变化对经济增长的影响

气候变化会对经济增长产生影响，气候变化通过改变现存的产量或未来的回报，可以影响经济的增长速度。如果现存的产量下降，如生产力下降或对一个生产因素产生负的冲击，那么，这将减缓资本积累速度，因为经济总产量降低，绝对投资也将降低，这就是资本积累效应。气候变化也可能通过减少投资回报率进而降低储蓄率，如降低生产率，这就是众所周知的储蓄效应。当投资减少时，经济不能在下一个周期内增长对应的减少量，那么经济增长速度也会减慢。在内生增长模型中，低投资也会抑制生产率的提高，所以经济增长率也会降低[7]。

1.2.4 空间和跨境溢出效应

气候变化的影响随着地区的不同而不同，所以不考虑空间维度的研究可能无法充分说明气候变化的影响。大多数关于气候变化的宏观经济研究或者是基于全球结果的汇总，或者将全球分为不同的区域来进行多区域或者单区域的研究。

在不同区域间存在跨境交易，因此也就存在一定的跨境溢出效应。采用多国家宏观经济模型可以模拟气候变化对贸易流动的影响。然而，为了使这项分析更合理，需要将贸易商品进行高度分类。

1.2.5 不确定性

气候和经济预测都是不确定的，两者之间的相互联系自然也不确定。因此，模型的结果需要进行不确定性分析，且决策者也应该考虑不同的建模方法会对结果产生什么影响。

不确定性研究主要通过以下三种方式进行：①对参数的敏感性分析：这通常基于哪个参数是最重要的或什么参数最有意义的假设。灵敏度的相关分析近年来开始广泛地应用于研究当中[8, 9]。②情景分析：一组场景描述了一组可能发生的且被认为是合理的参数设置。温室气体排放的不确定性经常以这种方式处理。③蒙特卡罗模拟：利用蒙特卡罗模拟对经济影响进行概率估计。在该方法中，关键参数的概率分布及参数选择必须预先指定。

1.2.6 极端天气

极端天气可能经常在短期内有较大影响，但在长期内影响不显著，从宏观经济的角度来看，应侧重于在短期内的分析。从适应的角度来看，确定一个经济体是否容易受到极端天气的影响也是非常重要的。极端天气可能会带来直接或间接的损失。直接的损失包括：直接市场损失，如农业干旱和资产流失；直接的非市场损失，如生命和财产损失、自然和文化遗产的损失等。间接的市场损失是指，随着时间的推移，业务中断会带来资金上的损失；间接的非市场损失包括由于疾病等带来的损失，以及生态系统和文化服务的损失。

除了造成的损失之外，还应充分考虑其带来的收益。例如，激励重建可能会导致住房成本的降低和劳动力的增加，同时还有生产率的变动。

1.2.7 脆弱性和适应

进行适应是为了降低经济的脆弱性。研究表明，经济上最佳的适应是积极的减缓。和减缓不同，并非所有的适应都需要政策干预。这是因为适应不会面临像减缓行动一样的显著外部性。适应的过程中会遇到很多障碍，但是同样很多研究证明适应存在着不可忽视的有效性[10]。

1.2.8 环境和健康的影响

气候变化是影响环境问题及公众健康的许多关键因素之一。这些影响的大小和分布将取决于人口年龄、社会经济地位和种族,以及关键的公共卫生基础设施区域和地方差异等。有证据表明,基于目前的减缓和适应活动,在人口增长的敏感性(老龄化、有限的经济资源等)不变的前提下,一些现有的健康威胁仍将加大,并且会有新的健康威胁出现[11]。潜在的气候变化对健康的影响是多方面的,温度相关的死亡率影响是重要的体现之一。

因而采取积极的应对气候变化的行动可以避免气候变化对经济系统产生的上述影响,避免经济系统的直接或间接损失,这些避免的损失即应对气候变化行动的效益。而如果这些效益是由于应对气候变化的行动产生的,那么作用于气候目标之外的其他社会经济目标,则就是协同效益。

1.3 协同效益的概念和各方面体现

1.3.1 国内外关于协同效益概念的论述

协同效益的正式提出是在 IPCC 第三次评估报告中,在该报告中首次提出了附属效益(ancillary benefits)的概念,也就是定义中广泛意义上的协同效益。附属效益具体包括,在实现气候减缓的相关行动中,由于减缓行动对社会经济系统的联动作用所引发的资源效率提高等方面所带来的社会经济效益。经济合作与发展组织(Organisation for Economic Co-operation and Development,OECD)进一步把协同效益定义为,在温室气体减排的行动过程中,对该目标以外的其他相关系统带来的影响,以及可以用货币化的方法评估的部分。美国国家环境保护局(United States Environmental Protection Agency,EPA)的定义则从温室气体减缓及大气污染治理的综合政策的角度出发,指出在这样的综合政策情景下所产生的所有的相关正效益都归属于协同效益的范畴。亚洲开发银行对协同发展的定义更多地关注和立足于发展中国家的发展,着重提出了需要包括减缓行动对发展中国家经济发展的影响等[12]。

在我国,协同效益更多地和环境相关效益联系在一起,一方面是在降低温室气体排放的同时,会带来 SO_2、NO_X 和 PM 等主要常规污染物排放的变化;另一方面体现在对主要常规污染物的排放进行的相关控制措施,也会对以二氧化碳为主的温室气体排放带来一定的影响。总体来看，协同效益的定义包含多方面内容，既包括减缓行动对空气质量的影响，以及进而带来的人类健康问题，也包括本地经济发展、能源安全、绿色创新、就业情况和社会福利等内容。1.3.2 节和 1.3.3 节主要从产业竞争力、社会就业、能源安全等经济社会效益和环境健康效益方面进行主要研究文献的综述和总结。

1.3.2 经济社会方面的协同效益研究

二氧化碳减排的行动在经济社会层面存在着广泛的协同效益，本小节主要从微观层面的企业竞争力、技术创新，宏观层面的国家竞争力，社会福利相关的绿色就业，以及国际层面的能源安全等几个角度来总结减缓行动对经济社会效益影响的研究。

最早研究环境对竞争力的影响的是哈佛商学院的经济学家和战略学教授 Porter[13]，他提出了如果采用合理规划和设计的环境监管措施，实际上可以增强企业的竞争力的观点。这一观点强烈冲击着当时关于环境监管的传统观点，人们仍普遍认为要求企业减少污染这样的外部性必定会限制企业的选择，从而减少利润。关于这一假设和结论的争论逐渐增多，Ambec 等[14]对这些争论性的研究展开分析，并对主要的研究方向进行了总结。

近年来，越来越多的研究表明[15~24]，实施积极的二氧化碳减缓行动并不会使企业因付出额外的成本而导致竞争力下降，同时在国家层面也没有明显证据显示国家因增加了相应的减排成本而对整体福利或整体经济生产力造成损失。严格的控制措施在某种程度上是对积极减排企业的隐形补贴，进而在更严格的减排目标的前提下提高技术创新，实现资源优化配置，并在一定程度上提高整体经济效率和福利。

Johnston 和 Haščič[15]研究发现，除了激发创新，不同可再生能源政策也会对不同种类可再生能源的投资产生不同的影响。Slowak 和 Taticchi[23]论述了工业领域对气候变化的关注持续升温的现状，在工业领域的新技术具备怎样的减排效果已经成为工程经济学评判该技术的重要标准。Zain 和 Kassim[24]以样本研究的方式发现公司实施持续改进气候和环境的措施会对企业竞争力产生积极的影响。Berman 和 Bui[25]以洛杉矶地区炼油厂为例，经研究证明其生产率明显高于污染管制并不严格的其他地区相似的炼油厂。在此基础上，Buxel 等[26]提出企业使用环境生命周期评估（life cycle assessment，LCA）的方法来系统评估产品或服务在减少碳排放及环境方面的表现，以提高产品的竞争力。减缓行动和排放控制的监管在生产率及竞争力提高之间存在着一定的滞后。例如，Lanoie 等[27]通过对魁北克制造业的跟踪分析,证明减排的措施和法规在 3~4 年后会促使生产率有相当程度的增加。

和企业竞争力相对应的另一个问题是气候减缓政策和相应的环境政策对就业的影响,一部分研究者担心这会增加失业率,而另一部分则认为减缓行动可以创造相当多的与节能环保相关的绿色就业机会。主要的实证研究包括 James[28]和 Wei 等[29]的研究,这些代表研究强调了环保工作在不同领域的定义,分别在不同行业研究了减缓行动对总工作岗位和净工作岗位的影响。近年来,关于绿色就业问题更多地考虑了劳动力市场完善程度和减缓行动推进程度等因素对就业率的影响。例如,Chateau 等[30]采用 OECD 的考虑环境连接的可计算的一般均衡(computable general equilibrim,CGE)模型研究了劳动力市场不完善情况下的就业和实际工资情况,研究结果表明劳动力市场机制对于气候减缓行动在就业方面有着不可忽略的影响,在推行气候减缓行动时需要同时关注劳动力市场的变化。Deschenes[31]回顾了主要的关于绿色就业的研究,评估了减缓行动在对就业率造成影响方面的证据。

对能源安全问题的关注由来已久,随着原油市场价格的不断波动,以及能源供应局势的紧张,各国均将能源政策和能源安全上升到国家利益和安全的层面。在气候变化的大背景下,能源安全作为直接相关的关键问题,更加引起国际社会和各方利益体的密切关注。近年来有众多关于气候减缓行动和能源安全关系的研究[32~38],如 Victor 等[35]基于 MARKAL 模型对美国的能源系统安全进行研究,Vliet 等[38]在 MESSAGE 模型的基础上研究了三个亚洲地区可持续发展的多个维度来模拟其发展情况,从气候和能源技术选择、能源安全、能源获取和空气污染的互动等多方面展开研究。

国际应用系统分析研究所(International Institute for Applied Systems Analysis,IIASA)发布的全球能源评估(global energy assessment,GEA)报告[39]中建立了简化的衡量能源安全的标准,也便于进一步衡量减缓气候变化的行动对能源安全的影响。在 GEA 报告中定义的能源安全强调了主权或者对外依存度和应对风险的稳健性,其中主权和对外依存度呈反向关系。基于以上研究,国家能源安全的指标 I 可以简化地用式(1.1)表示:

$$I = -\sum_i (1-m_i) \cdot s_i \cdot \ln(s_i) \tag{1.1}$$

其中,i 是燃料类型;s_i 是燃料 i 在总的能源供应中的份额;m_i 是燃料 i 在总进口中的份额,那么第一项代表的是国内的能源供应份额。这个综合指数可以体现能源市场波动和燃料供应多样化等方面的因素。随着减缓气候变化的行动和相应政策的逐渐紧缩,能源安全的综合指数呈现出较为一致的增长趋势。该指数可以简化地表征减缓气候变化的政策带来的协同效益。当然,这种衡量方法存在一些风险，能源安全的变化需要考虑多方面因素，进行综合跨区域的研究。

1.3.3　环境健康方面的协同效益研究

研究表明，减缓气候变化行动会对环境质量和人类健康造成影响，最大程度的协同效益来自因减缓行动带来的污染物排放的减少，这种效益又直接和人类健康损失相关。具体因果关系表现为：局地污染物在空间排放并传播，暴露在空气中的人群由于吸入一定量的污染物而使健康受到影响，文献通常从流行病角度和社会福利角度评价这种影响。

常规污染物排放的主要来源是电力生产过程中的化石燃料燃烧，工业生产过程、交通运输消耗的动力燃料燃烧，以及居民取暖消耗的燃料燃烧。对于每一项燃烧技术，确立和研究其直接排放因子和通过末端处理后的排放控制系数，可以有效建立能源和环境间的联系，深化理解在源头环节和末端处理环节对污染物排放的控制。

空气污染对人类健康的影响是流行病学研究的范畴，为了估计对人类健康的危害，研究需要将污染物浓度的空间信息与人口的空间信息进行叠加，基于浓度响应函数来估算主要的健康损失。在对损失额的价值量估计上，最常用的方法是统计生命损失价值的估计法（the value of a statistical life，VSL），其他常用的方法有潜在寿命损失年法和评估支付的意愿法。最典型的是被广泛引用的 Viscusi 和 Aldy[40]的研究，该研究回顾了来自 10 个国家 60 多项研究的死亡风险估计，考虑了风险溢价的影响，以及不同年龄对统计生命损失价值的影响，结果表明统计生命损失价值的收入弹性在 0.5~0.6。这项研究为世界银行等机构核算协同效益的价值量提供了理论基础。

存在强有力的证据证明气候减缓存在环境和健康方面的协同效益，我们选取四篇典型文章来佐证。Shindell 等[41]在《科学》杂志上发表研究，综合分析了减少甲烷和黑碳（短寿命温室气体）排放的协同效益。与国际能源署（International Energy Agency，IEA）基准情景相比，14 种不同的干预措施使 2050 年温升降低 0.47℃。2030 年，降低的黑碳暴露引起的死亡人数达到 180 万人，价值 5.3 万亿美元（约 5%的世界生产总值）。印度、中国、巴基斯坦和印度尼西亚享有最大的健康效益。

West 等[42]采用了相对严格的气候政策情景 RCP4.5，基于基准情景测量了大气污染减排带来的公众健康协同效益。他们发现大多数国家 21 世纪的 CO_2 减排净效益（协同效益减去边际减排成本）可以以数百美元/吨 CO_2 减排量计算。在 2050 年约 190 亿吨 CO_2 减排量中，仅有 30 亿吨来自高收入国家，其余则来自中等收入国家。Holland 等[43]和 Rafaj 等[44]模拟了一个更为严格的气候目标,即 21 世纪末 2℃的升温,并关注欧盟及中国和印度产生的协同效益。该项工作基准情景的优势在于,其纳入了预测的欧盟空气质量法规,允许政策情景中对避免的大气污染减排成本进行测算。若采用多国减排成本进行测算,跨境溢出效益不可忽略,约为总协同效益的 13%,其中健康效益占 86%。Rafaj 等[44]的研究结果还表明,印度 2050 年平均寿命会出现显著增长,平均增长 30 个月,而中国同样会出现约 20 个月的寿命增长。以上研究表明,减缓行动带来的污染物排放减少和货币化的避免环境损害成本是显著的[45],协同效益的存在对降低减缓行动的成本,促进各国减排行动的积极性有正面意义。

1.4 基于能源模型的相关研究

本节在以上各节文献研究的基础上,着重分析主要的研究工具。其中包括对能源环境经济模型研究进行分类总结,以及对基于模型对协同效益展开的相关研究从区域、研究对象和研究方法上展开分析,最后基于以上分析,总结和对比了现有模型研究的优点和局限性,并基于现有模型研究的特点引出本书的主要研究意义和思路。

1.4.1 能源环境经济模型的研究进展

能源环境经济模型在国内外能源和气候变化研究领域已经成为主流的研究工具。从模型的研究方法上来看,可以分为自顶向下模型、自底向上模型和混合模型。其中,自顶向下模型一般也被称为能源经济模型,这是因为这类模型通常以经济学的基本理论和主要模型为出发点,主要使用生产函数,采用高度集约的模式来描述和解释能源、经济及环境之间的关联,模型中并没有对特定的能源技术进行描述。根据建模原理的不同,通常有投入产出模型、计量经济模型、系统动力学模型、最优增长模型,以及最常用的 CGE 模型。

CGE 模型是领域内使用最广的自顶向下模型。CGE 模型主要基于瓦尔拉斯一般均衡理论,对经济系统中的不同部门及主要的经济主体之间的相互作用进行描述,通过观察设定的不同政策冲击下的均衡状态之间的过渡,来评价相关政策在宏观经济方面的影响。CGE 模型由于包含了较多的经济部门的相关细节,所以较为适合分析某项政策在中长期带来的影响。典型的 CGE 模型有麻省理工学院开发的排放预测和政策分析(emissions prediction and policy analysis,EPPA)模型[46]、哈佛大学研究开发的跨期一般均衡模型（intertemporal general equilibrium model，IGEM）[47]、美国西北太平洋国家实验室开发的第二代均衡模型[48]等。中国社会科学院和中国科学院广州能源研究所等科研单位，以及清华大学、中国人民大学及北京理工大学等高校院所也展开了关于CGE模型的研究，并基于模型研究对我国的相关政策进行了分析[49~58]。

自底向上模型对能源的生产和消费以及加工转换过程的各类能源技术和工艺过程进行了详尽的描述。由于在此基础上可以清楚地观察能源转换和消费过程，分析各环节的温室气体排放，因此在研究通过技术结构优化来实现节能减排的问题上有独特的优势，也具有更高的可信度。常见的自底向上模型是能源系统优化模型，当然也有特例，如长期能源替代规划（long-term energy alternative planning，LEAP）模型[59]主要以情景分析的方式来分析国家的长期能源替代情况。典型的能源系统优化模型有国际能源署组织开发的MARKAL模型和TIMES模型[60~62]、IIASA开发的MESSAGE模型[63]和日本国立环境研究所研究开发的AIM模型[64]等。自底向上模型的优点主要体现在对能源系统的描述非常清晰，基于参考能源系统（reference energy system，RES）全面分析了能源流动的全过程，有丰富的技术参数库；除此之外还考虑了细致的经济成本等信息，对未来技术也有明确的设定，且模型结果清晰易懂，建模原理简单，但构建自底向上模型需要对能源系统有较深刻的理解、对相关数据有长时间的积累。

两类模型各有优点和不足，其中自顶向下模型能充分反映各经济部门之间的相互关联，但是缺乏技术细节的描述和评价；而自底向上模型有着较丰富的工艺技术描述，但是缺乏能源和经济系统的直接连接，两者存在着一定的互补关系。因此，很多研究机构致力于将两类模型结合起来，构建混合模型。其中典型的代表模型有国家发展和改革委员会能源研究所开发和构建的中国能源环境综合政策评价模型（IPAC模型）[65]和清华大学构建的MARKAL-MACRO模型[66]。

1.4.2 基于模型的协同效益研究

协同效益研究近年来作为新兴的热门研究主题，开始引起广泛的关注。尤其在2010年之后，国内的相关研究逐渐增多。以往的多数研究对象是欧美发达国家，热门的研究部门是电力部门和交通部门，近期关于协同效益的研究对象更多地转移到了发展中国家，常用的模型工具包括CGE模型、AIM模型、MERGE模型和MARKAL模型等[67~74]。

Rafaj等[44]基于GAINS（greenhouse gas and air pollution interaction and synergies，温室气体和大气污染物的相互作用和协同）模型，对温室气体的减

排行动所导致的常规污染物的减排进行了分析,并在此基础上对该影响进行评价。Burtraw 等[67]在不同碳税的定价水平下,分析了由于减缓行动所带来的能源系统成本的变化和收益,其中着重分析了相应的健康方面的协同效益。Aunan 等[68]以中国山西的煤炭行业为研究对象,对二氧化碳的减排和该行动带来的环境及健康的协同效益进行评估,从行业的角度核算了减缓行动的经济成本和收益。Creutzig 和 He[69]立足于社会福利分析的角度,以北京的交通部门为研究对象,对基于污染物减排的协同效益进行了评估。Xu 和 Masui[70]基于 AIM/CGE 模型对中国主要污染物的排放展开研究,并阐述了使用单一的二氧化硫排放税存在着多方面的局限性。He 等[71]基于 LEAP 模型对不同的政策控制情景下的二氧化碳及主要局地污染物的排放分别进行了测算,发现气候减缓相关的政策对于降低局地污染物排放是政策有效的,并且在较为严格的能源政策作用下,2030 年由于局地污染物减排所带来的协同效益将达到 1 000 亿美元左右。Yang 等[72]基于水泥部门的技术模型,绘制水泥考虑协同效益的边际成本曲线,估计了减排每吨 CO_2 所带来的 SO_2、NO_X 和 PM 的协同效益。此外,国内很多其他的相关研究也从各个方面佐证了协同效益在各个部门的影响,如毛显强等[73]基于电力部门研究了减排技术措施和污染物控制的协同评价机制。

从研究的区域上来看,2008 年之前更多的研究集中在发达国家,近期以来关注发展中国家的研究逐渐增多[74~79],这是由于减缓行动在一个区域现行政策效率较低且环境政策没有全面推行的情况下,协同效益会更加显著。

表 1.2 汇总了从最近的研究中总结的 2030 年的全球主要区域的协同效益数值。总体而言,2030 年,高收入国家(西欧国家、美国和日本)每吨 CO_2 的大气污染协同效益保守预估值超过 100 美元,而中等收入国家(中国、东欧国家、部分拉美国家和东南亚国家)则约为 50 美元。高收入国家与中等收入国家的差异很大程度上源于碳生产率(每吨 CO_2 排放量产生的 GDP,以美元为单位)的差距。概括来说,有明显证据表明适当严格的 CO_2 减排量将产生净效益。

表1.2 2030年气候减缓的协同效益对比　　　单位:美元/吨CO_2

国家或地区	$PM_{2.5}$损害	臭氧损害	总大气污染
非洲	8~31	2~6	10~36
中国	30~226	22~67	52~293
印度	−8~−1	20~59	12~58
日本	114~390	43~128	157~517
拉丁美洲	18~103	5~13	23~117
中东	0~6	1~5	1~11

续表

国家或地区	PM$_{2.5}$损害	臭氧损害	总大气污染
东南亚	29~94	19~54	48~149
美国	103~622	13~39	116~662
西欧	122~473	22~65	144~538
全球	33~167	16~47	49~214

资料来源：基于文献[36~40]的计算整理

1.4.3 现有研究的优点和局限性

基于气候减缓行动的研究不论从研究内容还是研究方法上都不断完善，主要表现在：①研究对象范围更广，从大多数以发达国家为主要研究对象，演变成更为关注发展中国家的能源问题，近年来随着对中国发展的关注，对中国在全国层面和部门层面的研究不断增多；②从模型工具上来看，能源模型的功能不断完善，自顶向下模型对经济系统和关键要素的刻画更加细致，自底向上模型对技术的分类更加丰富；③从研究的主要问题和方法上来看，近年来基于模型的协同效益研究逐渐增多，开始关注更多领域，并开始从定性研究向定量研究转变。

但现有的研究还具有一定的局限性，主要包括以下几点。

（1）现有的大多数研究仍然更多地关注减排成本的核算，从效益出发的研究虽在逐渐增多但比例仍然较小。随着各国减缓行动成本的逐渐提高，需要研究者更多地转变观念，从发展的角度，更多地探讨经济社会环境的效益提高和气候变化减缓行动的一致性及双赢模式。

（2）现有的能源模型大多采取基于燃料消费或基于活动水平的方法来建立能源消费与污染物排放的连接。这种简化的处理方式存在较大的问题，首先，基于历史数据的测算过度简化了能源消费和环境排放之间复杂的机理，无法研究源头治理和末端控制之间的相互关系；其次，基于能源部门活动水平的方法不能体现技术选择和技术替代对污染物排放的影响；最后，这种方式也无法研究协同控制情景（co-control scenario，COC 情景）对上游能源消费和下游污染物排放的影响。

因此，以减缓行动的效益分析为出发点，在系统优化的能源模型的基础之上，通过扩充基于技术的污染物排放模块及末端处理模块，实现能源环境的综合评价，基于能源部门技术进步和结构调整研究来评价能源系统和环境末端控制的协同控制效果，进行能源系统调整和控制污染物排放的综合优化，具有重要的理论和现实意义。

1.5 研究思路

1.5.1 研究目的

中国正处在工业化的末期和城市化的中期，一方面，能源仍然是保证经济增长的基础，另一方面，能源活动导致的气候变化和环境污染的压力，以及公众健康和能源安全问题同样亟待解决。基于 1.1~1.4 节的背景及以往文献研究，本书力图在构建减排效益综合评价模型的基础上，回答以下几个问题。

（1）从成本-效益的角度出发，中国在中长期应采取怎样的二氧化碳减排目标？此目标可以带来的效益是什么？

（2）在维持现有的二氧化碳减排力度下，单独依靠强化的末端控制是否能实现空气质量的全面达标？

（3）如果不能单独依靠强化的末端控制实现空气质量的全面达标，那么我国在节能减排方面需要做什么样的额外努力？如何综合上游的源头控制和下游的末端治理以实现节能、二氧化碳减排和空气质量提升的综合政策目标？

1.5.2 研究内容

考虑到现有模型的优点和局限性，为了回答 1.5.1 节中提出的问题，本书主要内容如下。

（1）构建 China-MAPLE（China-multi-pollutant abatement planning and long-term benefit evaluation，中国多污染物控制及长期效益评价）模型体系。模型以能源系统优化研究为核心，拓展了污染物排放和效益评价模块。在能源模型中引入了基于技术的污染物排放因子并拓展了末端处理技术及相应模块，改进了以往能源模型基于燃料消费或基于活动水平的粗略估计方法，力图实现能源环境政策的综合评价，为实现从能源模型到环境模型的硬连接提供了基础。

（2）在构建模型的基础上，模拟分析了不同情景下中国未来能源消费及排放情况。分析在维持现有的能源政策和污染物减排的控制力度情况下，我国在 2010~2050 年的能源消费结构和排放路径，各主要部门的能源系统技术选择和污染物排放等。同时在维持现有减排力度的情景下，通过强化末端控制情景（end-of-pipe control scenario，EPC 情景），研究了单独依靠末端处理技术和措施能否实现我国 2030 年空气质量全面达标的政策目标。

（3）在基准情景基础上进一步构建了深度碳减排（deep-decarbonization pathway，DDP）情景，对各部门的燃料替代和新技术推广进行强化，研究我国二氧化碳的排放路径及能源结构调整，以及我国由于能源系统优化对污染物排放的影响。并且研究了能源系统优化对各部门各主要污染物产生量造成的影响。

（4）综合分析了在 DDP 和 EPC 的 COC 情景下，我国污染物的减排情况，通过与 EPC 情景的对比，分析了各部门由于能源系统优化所额外带来的污染物减排，以及在这样的减排力度下，我国能否实现空气质量全面达标。

（5）在基于情景分析得出的污染物减排的物理量的基础上，进一步分析协同效益的价值量。在发达国家现有研究的基础上，通过模型来评估基于避免环境损害价值的协同效益的价值量，并对边际减排成本曲线进行了修正。首先以主要的高耗能水泥部门为案例，分别分析基于技术的协同效益和考虑了协同效益的边际减排成本曲线的移动，并进行了全国省级的协同效益核算。此外，本书还基于 China-MAPLE 模型计算分析了温室气体减排的全经济范围及主要部门的协同效益，并以此为基础对全经济范围的边际减排成本曲线进行了修正，得到了考虑协同效益的边际减排成本曲线。

1.5.3 研究路线

如图 1.1 所示，本书的研究路线和章节的内容安排如下：第 1 章分析我国气候变化和常规污染物减排的共同压力的背景以及总结现有研究特点和局限性。第 2 章主要对模型的构建原理和构建过程进行介绍，主要包括模型总体框架、主要原理、各主要功能模块及参数等。第 3 章介绍了模型对能源和环境的连接，分部门介绍基于工艺技术的污染物排放因子的确定，以及主要末端处理技术等。第 4 章研究了基准情景下能源系统、二氧化碳排放路径和污染物排放的路径，主要包括终端能源消费、发电构成、一次能源消费、二氧化碳排放和污染物排放的未来路径。第 5 章基于 EPC 情景、DDP 情景和 COC 情景分析，从燃料消耗、污染物排放路径和技术构成等方面对中国中长期能源情景进行了分析，同时对常规污染物的排放进行了对比和实物量协同效益的研究。第 6 章引入考虑协同效益的边际减排成本曲线，并以水泥行业为例分析了边际成本曲线在考虑协同效益的情况下的移动，以及全经济部门的考虑协同效益的边际减排成本曲线的移动，进而给出了协同效益的价值量核算。第 7 章给出了研究结论与政策建议，并总结了本书的创新点、研究不足和改进方向。

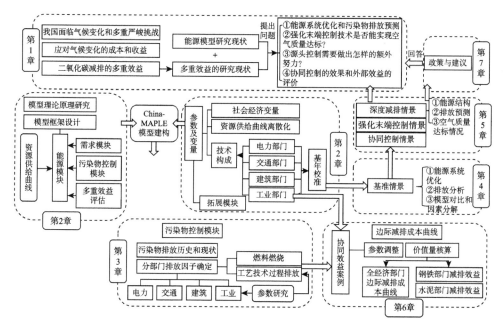

图 1.1 研究路径和结构图

第 2 章 China-MAPLE 模型的设计与构建

本章主要讨论本书所构建的 China-MAPLE 模型。该模型基于能源系统优化框架，主要研究二氧化碳减排的路径选择及效益评价问题。2.1 节介绍了模型的概况和总体框架；2.2 节介绍气候变化与经济影响的模型相关研究；2.3 节介绍了本书局部均衡模型框架的主要原理和变量；2.4 节讨论模型的主要经济社会参数假设；2.5 节给出体现不同成本及储量动态变化的资源供给曲线；2.6 节介绍能源转换模块；2.7 节分析终端需求部门；2.8 节为基年数据的校准；2.9 节和 2.10 节对污染物控制模块和协同效益分析模块进行介绍，2.11 节为本章小结。

2.1 模型构建的框架

构建 China-MAPLE 模型的主要目标包括：

（1）在能源模型中拓展基于技术的常规污染物排放模块，在闭合的系统下研究现有的能源和环境政策对未来二氧化碳和污染物减排的影响。为我国全经济部门的中长期能源消费和主要常规污染物排放发展趋势的分析提供科学的分析平台。

（2）允许灵活的情景设计及分析。模型可以分析基准情景及低碳能源发展情景，研究能源系统在不同情景下的能源消费及排放路径，同时模型也可以考虑常规污染物总量控制情景，并可以研究在能源和环境约束下考虑协同减排效益的能源结构调整和技术选择。

（3）模型具有较详尽的技术分类和数据基础，可为其他研究提供相关数据的参考，同时具有较好的可扩展性，有利于后续的扩展。

基于以上的建模目标，考虑国内外现有的主要模型，本书构建 China-MAPLE 模型的主要思路为，以解决能源相关二氧化碳减排的成本及效益问题为出发点和立足点，基于能源系统优化模型框架，建立多部门的自底向上的二氧化碳减排成本及效益评价模型。该模型主要综合资源供给模块、需求模块、能源系统优化模块、污染物模块和协同效益模块，通过综合深度减排的低碳情景和常规污染物减排情景，研究不同情景下中国未来的能源消费、二氧化碳排放及主要常规污染物排放情况和考虑协同效益的减排成本等。

在图 2.1 中列出的模型各模块中，最核心的模块是能源系统优化模块和污染物排放模块。资源供给模块主要根据各主要资源的储量分布和进出口情况给出资源供给曲线，提供给能源系统优化模块。需求模块则分部门地确立主要影响因素，将这些因素同外生的经济参数和其他模型假设进行连接，得出主要终端产品的需求，输入能源系统优化模块。模型首先对燃料消耗、主要污染物排放和技术构成进行分部门和全经济部门的基年校准。在此基础上根据情景设计或排放约束，模型计算选择未来中长期的最优化的技术组合和燃料消耗，进而给出未来能源消费结构和主要污染物排放情况。此外，协同效益研究模块通过简化方法对协同效益进行货币化估计。

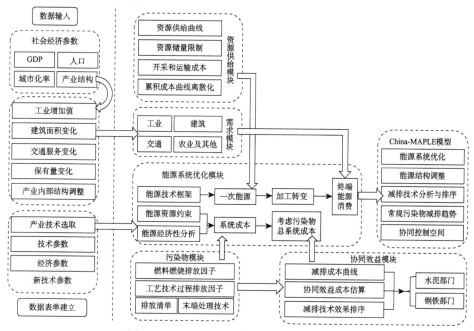

图 2.1 China-MAPLE 模型的主要框架结构

值得指出的是，本书研究采用内嵌在能源系统优化模块的常规污染物排放模块，即考虑二氧化碳排放和常规污染物统一分析的方式，来体现两类排放的同根同源特点。对政策的研究，本书采用综合政策的研究方法，即考虑气候政策和局地环境污染政策的综合"一揽子政策"，即协同控制政策。China-MAPLE 模型的研究对象为中国的全经济部门，主要包括资源供应部门，能源转换部门和交通部门，工业部门及建筑部门等终端部门。

2.2 气候变化与经济影响的模型研究

本书在 1.2 节已经分析了气候变化对经济的影响，本节将重点分析在主流经济模型中如何考虑气候变化与经济系统的复杂关系进而分析应对气候变化行动的成本及效益。本节从三类主要的模型框架出发，讨论在最优增长模型、一般均衡模型和局部均衡模型中如何纳入气候变化与经济系统的相互影响，并从不同的研究目的出发比较了其各自的优缺点。最后从本书研究的问题出发介绍了本书的模型框架，即在成本效益分析框架下的局部均衡模型 China-MAPLE。

2.2.1 最优增长模型中气候变化的经济影响

Fankhauser 和 Tol[80]通过一系列模型研究了气候变化对增长率的影响，主要采用的模型以及模型假设如下。

（1）索洛模型：储蓄率和生产力增长率都是外生变量；

（2）拉姆齐模型：储蓄率是内生的；而生产力增长率是外生的，这是常见的 DICE 模型设置；

（3）罗默模型：储蓄率是外生的；生产力增长率是内生的，且是关于资源研发部门产出的函数；

（4）曼昆模型：储蓄率和生产力增长率都是外生的，但投资可以用来增加人力资本，从而扩大生产。

1）典型的增长模型

气候变化对经济的影响在最优增长模型中主要体现在对生产率的影响，进而对资本积累和储蓄率都间接造成影响。首先，主要的增长模型包括四种，分别为索洛-斯旺增长模型、拉姆齐-卡斯-库普曼斯模型、曼昆模型和罗默模型。主要的原理如下。

（1）索洛-斯旺增长模型。

$$Y(t) = \frac{A(t)K^{\alpha}L^{1-\alpha}}{1+\chi T(t)^2} \tag{2.1}$$

其中，Y 是产出；A 是生产率；K 是实物资本；L 是劳动力；T 是温度；t 是时间。

$$\dot{K} = s(t)Y(t) - \delta K(t) \tag{2.2}$$

其中，s 是储蓄率。

（2）拉姆齐-卡斯-库普曼斯模型。

拉姆齐-卡斯-库普曼斯模型中储蓄率是跨期优化确定，除此之外，该模型与索洛-斯旺模型一样。如果气候没有变化，生产力和储蓄在这两个模型中都是相等的。

（3）曼昆模型。

$$Y(t) = \frac{A(t)K^{\alpha}H^{\alpha}L^{1-2\alpha}}{1+\beta T(t)^2} \tag{2.3}$$

其中，H 是有形资本。

$$\dot{K} = 0.5s(t)Y(t) - \delta K(t) \tag{2.4}$$

$$\dot{H} = 0.5s(t)Y(t) - \delta H(t) \tag{2.5}$$

该模型中储蓄率和索洛模型中的一样；该模型的生产率满足在气候变化对经济没有影响的情形下（即 $\hat{\alpha}=0$），该模型产出与索洛模型相等。

（4）罗默模型。

$$Y(t) = \frac{A(t)\left((1-\gamma_K)K\right)^{\alpha}\left((1-\gamma_L)L\right)^{1-\alpha}}{1+\beta T(t)^2} \tag{2.6}$$

其中，研发资本支出所占比例 $\tilde{a}_K=0.05$，研发劳动支出所占比例 $\hat{a}_L=0.10$，且 $\dot{\alpha}=0.25$。

$$\dot{K} = s(t)Y(t) - \delta K(t) \tag{2.7}$$

$$\dot{A} = B(t)(\gamma_K K)^{\lambda}(\gamma_L L)^{\lambda}A(t)^{\lambda} \tag{2.8}$$

其中，B 是产品研究与开发的生产率；储蓄率和索洛模型中的一样；生产率满足在气候变化对经济没有影响的情形下（即 $\hat{\alpha}=0$），该模型产出与索洛模型相等。

2）气候变化在增长模型中的体现

本节以标准的拉姆齐-卡斯-库普曼斯增长模型为例，解释在最优经济增长模型中如何考虑气候变化对经济系统的影响。该模型主要解决跨期优化问题，如式（2.9）~式（2.11）所示。目标函数为式（2.9）。

$$\text{OBJ} = \max \int_0^{\infty} u(c,T) \cdot e^{(n-x-\rho)t} dt \tag{2.9}$$

需满足：

$$\dot{K} = F(K,L,T) - cL - \delta(T)K \tag{2.10}$$

$$\dot{L} = n(T) \cdot L; L_0 = 1 \tag{2.11}$$

其中，u 代表效用函数；c 是人均消费；F 是产量；K 是资本；折旧率为 $\ddot{\alpha}$，折现

率是 $\tilde{n}$。

L 是劳动供给量，其增长率为 n，基期为 1；L 可解释为有效劳动力，增长率 n 既体现了人口变化（p），又体现劳动生产率（x），如 $n=p+x$。在该公式中，劳动生产率是外生的。在此基础上，考虑生产率指数为外生的模型，来分析气候变化对经济增长的影响。

为了简化模型，视气候变化为与时间无关的外生变量，用 T（代表温度）表示。T 越大，气候变化的影响越显著。气候变化会从以下四个方面影响最优化[81~93]。

（1）非市场影响，如气候的福利价值，以及对娱乐性设施和环保设施的影响。非市场影响直接影响效用函数，尽管有一部分研究认为这种影响会带来潜在利益，但大多数文献认为这种影响是负的，即 $u/T = u_T < 0$。

（2）市场影响，如影响生产函数中农产品产量。相当多研究认为市场影响在某些区域可以视为是负的，即 $F/T = F_T < 0$。

（3）健康影响，如天气变化会使疟疾等疾病传播更快，进而会对人口增长率和劳动生产率产生负的影响，$n/T = n_T < 0$。

（4）对资本寿命的影响。随着气候的持续变化，资本存量也需要随之调整，尤其是预防性支出（如堤坝的加固支出等）。这种影响也表现为资本耗费速度的加快，$\ddot{a}/T = \ddot{a}_T > 0$。

如果产量是劳动力和资本的一阶函数，那么有

$$k = \frac{K}{L}; \dot{k} = \frac{\dot{K}}{L} - \frac{K}{L} \cdot \frac{\dot{L}}{L}; f(k) = F(k,1,T); Lf(k) = F(K,L,T) \quad (2.12)$$

联立式（2.10）和式（2.11）可得

$$\dot{k} = f - c - \delta k - nk \quad (2.13)$$

解得

$$\dot{c} = -\frac{u_c}{u_{cc}}(f_k - \delta - \rho) \quad (2.14)$$

式（2.13）和式（2.14）是该系统中的两个运动方程，达到稳态的条件是 $\dot{c} = \dot{k} = 0$，进一步得到：

$$f_k = \delta + \rho \quad (2.15)$$

$$c = f = \delta k - nk \quad (2.16)$$

3）气候变化对资本积累和储蓄率的间接影响

其中，气候变化对资本积累的影响可以通过对式（2.7）求导得出，且可得出对 k/T 的另一种表达：

$$\frac{\partial k}{\partial T} = \frac{\delta_T - f_{kT}}{f_{kk}} \quad (2.17)$$

式（2.17）告诉我们气候变化会通过两种途径影响到稳态时的资本量，且这

两种影响都是负的。首先,气候变化会使资本的寿命变短,因为 $\ddot{\alpha}_T > 0$。这将会减少资本回报,因为与投资相关的收益流变短了($f_{kk} < 0$)。其次,如果我们假设市场影响是成倍的(如对 DICE 的影响),但由于气候变化会使资本的边际产量减少,从而资本收益也会减少,即 $f_{kT} < 0$。低的资本收益会导致投资减少、资本存量减少。

如果储蓄 S 定义为产出减去消费,那么根据式(2.14)和式(2.16)推断出:

$$S = F - cL = L(f - c) = L(\delta + n)k \quad (2.18)$$

式(2.18)两边同时对 T 求导,可得

$$\frac{\partial S}{\partial T} = L\left[(\delta_T + n_T)k + (\delta + n)\frac{\partial k}{\partial T}\right] \quad (2.19)$$

将式(2.17)代入式(2.19),可得

$$\frac{\partial S}{\partial T} = L\left[\delta_T\left(k + \frac{(\delta + n)}{f_{kk}}\right) + n_T k - (\delta + n)\frac{f_{kT}}{f_{kk}}\right] \quad (2.20)$$

方程(2.20)告诉我们气候变化会通过以下途径影响到储蓄:

(1)非市场影响,$u_T < 0$,不会影响到储蓄,因为气候变化是外生的,就算有影响也只是对效用有影响;

(2)市场影响会对储蓄产生负的影响(由于 $f_{kT} < 0, f_{kk} < 0$),这就是前文所讨论的资本积累效应的体现。由于资本生产率降低,消费者决定减少投资和资本存量;

(3)气候变化对健康的影响同样也会给储蓄带来消极作用,$n_T < 0$,因为人越少,需要的资本也越少;

(4)对资本加速折旧的影响是不确定的,$\ddot{\alpha}_T > 0$。一方面,储蓄者希望通过投入更多的资金来弥补资本寿命缩短的负影响。另一方面,由于资本收益减少,储蓄者又不乐意投入更多的资金。

Fankhauser 和 Tol[80]发现,资本积累效应大于储蓄效应。因此,由于低收入导致的低投资比由于低投资回报导致的低投资更重要。在内生增长模型中,低投资也会降低生产力增长率。而在曼昆模型中,气候变化的影响更大也更显著。

2.2.2 一般均衡模型中气候变化的经济影响

基于 1.2 节和 1.3 节的讨论,非市场的外部性,如空气污染和健康影响,是气候变化造成的重要影响和相互作用方面。对这些典型的外部性进行评估,是能源评估模型所要认真面对的问题。一般均衡模型的分析需要和传统的成本-效益分析法相结合,一般均衡模型对非市场因素的外部性的表达较为困难。例如,噪声

等外部性较难直接纳入一般均衡模型的衡量体系。但相比之下，成本-效益分析法能够在理论框架下很好地表达外部性的影响因素。当然，也有部分的一般均衡模型通过对模型结构的改进引入了外部性分析的模块，如麻省理工学院的 IGSM 框架下的 EPPA 模型[94~101]。

麻省理工学院开发的 EPPA 模型，在 IGSM 模型框架下，将非市场影响因素纳入 CGE 模型的分析体系内。一般均衡模型以社会核算矩阵（social accounting matrix，SAM）为框架，体现了生产的投入、劳动力、资本、税收等的情况。在该框架下，模型加入了空气污染和健康评估模块，主要的方式是扩展 SAM，在原基础上加入居民服务部门，这个部门专门提供一种名为"污染和健康"的终端服务，进而核算发病率和死亡率的经济效益。但该方法需要额外评估发病和死亡带来的非市场影响，增大了模型的复杂度。相比之下，基于自底向上的成本效益分析可以非常简化和便捷地处理外部性问题，如通过对外部性影响的量化评估或进一步的货币化评估，直接加总到效益或成本中去。

2.2.3 局部均衡模型中气候变化的经济影响

局部均衡模型在能源领域的使用多为自底向上的能源技术模型，对于政策的评估和减排技术的优选多采用成本-效益分析法，该分析方法也是评估气候变化的经济性影响最为常用的方法。

对于成本-效益分析法，学术界也存在着一定争论。一方面，目前针对成本-效益分析法的批评，主要以 Ackerman 和 Heinzerling 等的意见为代表[102~104]，主要的观点可以集中为两种：第一是对支付意愿法衡量方法的批判，第二是对成本-效益分析法无法给出完全准确的解决方案。对此观点，也有不少反对意见，成本-效益分析法虽然较为传统，且具备一定的局限性，但成本-效益分析法具备不可替代的理论意义和作用。第一，成本-效益分析法虽然无法给出具体且准确的解决方案，但是可以在风险分析中帮助决策者区分重要的风险和次要的风险；第二，在货币化的过程中，支付意愿法和 VSL 虽然存在一定的不确定性，但是在目前大部分模型的假设下，是最普适和最具有说服力的方法，并且也被多家国际机构和国家研究机构采用[105~109]；第三，人们对部分存在争议的假设也有一定的误解，如支付意愿法中并非是所有收入人群被迫支付的费用，而是基于调研，避免这些损失所需支付的费用，支付者可以是政府或者部分人群。

成本-效益分析法具备一些不可替代的优点，如成本-效益分析法的基本思想简单明确，非常适合结合局部均衡模型进行分析，评估减排政策的效果，以及减排技术的经济性分析等。此外，成本-效益分析法在评估外部性时具备较大的优势，非经济性的外部性可以简化地通过数量的评估转化为价值量的评估，进而纳入政策评估的经济衡量系统中。成本-效益分析法如果被正确地理解和使用，将可以应用于非常广泛的问题研究。现有的大部分模型分析方法的讨论也依然基于成本-效益分析法的大框架。

2.3 模型的主要原理和变量

2.2 节的分析表明不同的模型框架各有其优缺点，其选择主要取决于研究者选取的主要问题。由于本书主要关注气候变化对能源系统的影响，而最优增长模型及一般均衡模型的分析框架均不适宜处理此类技术层面的问题，因而本书选取基于局部均衡的模型框架作为本书的分析基础。

2.3.1 主要能源模型原理

本书提出的 China-MAPLE 模型的主体能源模块以 TIMES-VEDA 模型为平台，基于大量文献数据调研构建自底向上的能源系统优化模型（图2.2）。该模型以参考能源系统为基础，能较好地描述能源系统的主要特性、复杂的内部联系和较多的外部限制条件。

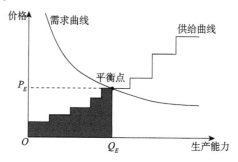

图 2.2　自底向上能源系统优化模型原理图

模型由未来的终端能源服务需求驱动，结合能源生产和消费的相关设备的现有容量、现有的和未来的一次能源供应，以及将来的主要可选用技术，通过模拟在局地污染物和主要温室气体的减排约束下，主要能源设备的投资与运营状况，通过技术选择的调整，使整个能源系统的总成本最小化。模型可在设定参考情景和其他对比情景的基础上，对未来的能源使用趋势进行预测和模拟。

模型主要构成包括如下几个部分。

1）主要经济社会经济参数假设

模型的需求驱动是外生给出的，具体的模型需求驱动可能依赖系统边界而有所不同。本书研究的外生社会经济假设包括 GDP 总量及增速、人口、城市化率和三产比例，在 2.4 节详述。

2）资源供给

本模型对于资源供给的设定主要通过绘制一次能源和主要资源的供应曲线进行。对于化石能源，如煤炭、原油和天然气等，这种供应潜力可被表示为一定开采成本下的可开采量，而对于可再生能源则描述为建立在资源基础之上的可再生能源供应潜力，如风电和光伏发电。本书对主要资源供给构建了资源供给曲线，考虑不同产区资源的生产能力和平均成本，并考虑资源的进口情况，在 2.5 节详述。

3）能源转换

能源转换部门是从资源供给到终端能源需求的重要转换。主要包括原油的炼制、原煤洗选、煤气化、燃料乙醇和生物柴油的生产，以及电力和热力的生产等。本模型以电力生产为例，对各部门技术进行了较为细致的刻画，力图做到技术数据翔实和准确。具体设置在 2.6 节中详述。

4）需求预测

对于终端能源需求部门，需求的驱动是进行能源系统分析的基础。模型在基于回归分析的基础上，采用多层次分析法分别确定不同的影响因素对工业部门产品需求的关联影响，并根据不同的预测结果进行比对，确定饱和水平和峰值到达的时间，在 2.7 节中详述。

5）基年校准

此外，对模型初始期的校准是至关重要的，主要需要校准的变量有所有技术的容量和运行水平，所有能载体在开采、出口、进口、生产和消费的过程中消耗的物质量和污染物的排放量等。能源消耗的基年校准数据在 2.8 节中给出。

6）情景设置

不同情景的设置对能源系统的发展路径影响巨大。通过情景设置可以从不同层面研究不同变量对未来发展趋势的影响。本书在第 4 章和第 5 章详述相关情景的设计和结果分析。

2.3.2 目标函数和主要变量方程

1）目标函数

该模型以自底向上的能源模型为基础，目标函数为，在满足外生给定的需求和其他主要约束的条件下，能源系统的总成本要达到最低。其中成本包括投资成本、资产残值、固定和可变的运行成本与维护成本、能源在本地的开采和区域外进口成本、向区域外出口的收益、主要输配成本、相关的税收和额外补贴等。模型的计算模式为,把投资和资产残值等折算到模型计算年的各年份,并将主要成本分别折现到起始计算年,通过计算得出在总系统成本最低情况下的燃料消费情况和技术使用组合。式(2.21)和式(2.22)为模型目标函数。

$$VAR\_OBJ(z) = \sum_{r \in REG} REG\_OBJ(z,r) \quad (2.21)$$

$$REG\_OBJ(z,r) = \sum_{y \in YEARS} (1+d_{r,y})^{REFYR-y} \times ANNCOST(r,y) \\ - SALVAGE(z,r) \quad (2.22)$$

$$\begin{aligned} ANNCOST(y) = & INVCOST(y) + INVTAXSUB(y) + INVDECOM(y) \\ & + FIXCOST(y) + FIXTAXSUB(y) + VARCOST(y) \\ & + ELASTCOST(y) - LATEREVENUES(y) \end{aligned} \quad (2.23)$$

其中,NPV 表示系统的净现值;$d_{r,y}$ 表示折现率;REFYR 表示折现的目标年;YEARS 表示模型成本考虑的时间周期;R 表示所考虑的区域;ANNCOST(r, y) 表示区域 r 在年份 y 的年运行成本;SALVAGE 表示资产残值;;INVCOST 表示投资成本;INVTAXSUB 表示投资相关的税费补贴;INVDECOM 表示投资设备拆卸费用;FIXCOST 表示固定成本;FIXTAXSUB 表示固定成本相关的税率补贴;VARCOST 表示可变成本;ELASTCOST 表示需求损失等带来的可变成本变动;LATEREVENUES 表示延迟收入。

2)模型的决策变量

该模型的决策变量是指基于模型求解主要得到的变量,描述了能源系统中的能源开采和获取、中间加工和转换、能源终端利用,以及相关排放等的活动水平和主要参数,是对目标函数和约束条件进行计算的基础。表 2.1 列出了主要的决策变量及其描述。

表 2.1 决策变量及其描述

变量代码	变量描述
OBJ(y_0)	各地区不同时期成本折现到 y_0 年的系统总成本
$D(r,t,d)$	区域 r、时期 t 内的能源服务需求 d
NCAP(r,v,p)	在时期 v、区域 r 内的新增技术 p 的容量
CAP(r,v,t,p)	区域 r、时期 t 内已安装技术 p 的容量
CAPT(r,v,t,p,s)	区域 r、时期 t 内已安装技术 p 的总容量
ACT(r,v,t,p,s)	在时期 t、区域 r 内的技术 p 的活动水平
FLOW(r,v,t,p,c,s)	区域 r、时期 t 内由技术 p 生产或消耗的产品 c 的量
SIN(r,v,t,p,c,s)/SOUT(r,v,t,p,c,s)	通过技术 p 在 t 时段 s 期 r 区域存储或者释放出来的商品 c 的量

续表

变量代码	变量描述
TRADE(r,t,p,c,s,imp) TRADE(r,t,p,c,s,exp)	r 区域通过 p 技术在 t 时段进/出口的商品 c 的量

3）主要变量方程和约束

在满足目标函数系统成本最优化的情况下，模型还需要满足主要的约束方程，实现更接近于能源系统的模拟。在计算不能满足这些约束和方程的情况下，模型将输出无解。该模型的主要约束类型有跨时段的容量转移约束、相关技术活动的约束和流量的平衡方程等。

容量平衡约束方程 EQ_CPT(r,t,p) 为

$$\mathrm{CAPT}(r,t,p) = \sum_{t_n} \mathrm{NCAP}(r,t_n,p) + \mathrm{RESID}(r,t,p) \quad (2.24)$$
$$t - t_n < \mathrm{LIFE}(r,t_n,p)$$

其中，NCAP（r，t，p）是在区域 r 时间 t 内特定技术 p 的新增容量；RESID（r，t，p）是在模型中一直存在并且到了 t 年还没有被拆除的技术的容量。通过式（2.24）所表示的约束方程为，该区域的技术容量需等于起始年到计算年 t 的时间内逐年新增的容量，以及在起始年就已经存在并且到了 t 时间还没有被拆除的旧技术容量的总和。

技术活动约束 EQ_ACTFLO(r,v,t,p,s) 为

$$\mathrm{ACT}(r,v,t,p,s) = \sum_{c} \mathrm{FLOW}(r,v,t,p,c,s) / \mathrm{ACTFLO}(r,v,p,c) \quad (2.25)$$

其中，ACTFLO（r，v，p，c）是能源活动水平与特定的生产商品的转换系数。通过式（2.25）得出技术 p 的活动水平乘以转换系数 ACTFLO 等于 c 商品的流量。

容量利用约束 EQ_CAPACT(r,v,t,p,s) 为

$$\begin{aligned}\mathrm{ACT}(r,v,t,p,s) &= \mathrm{AF}(r,v,t,p,s) \times \mathrm{CAPUNIT}(r,p) \\ &\quad \times \mathrm{FR}(r,s) \times \mathrm{CAP}(r,v,t,p)\end{aligned} \quad (2.26)$$

其中，AF（r，v，t，p，s）是区域 r 在 t 时间的特定技术 p 的可利用系数；CAPUNIT（r，p）是区域 r 内的特定技术 p 的单位活动水平；FR（r，s）是区域 r 内计算期 s 的持续时间比例，如季节比例或者白天夜晚的比例等。式（2.26）主要表述了技术的容量和活动水平之间的关系。

流量平衡方程 EQ_PTRANS$(r,v,t,p,cg1,cg2,s)$ 为

$$\begin{aligned}\sum_{c} \mathrm{FLOW}(r,v,t,p,c,s) &= \mathrm{FLOFUNC}(r,v,cg1,cg2,s) \\ &\quad \times \sum_{c}^{cg2} \left[\mathrm{COEFF}(r,v,p,cg1,c,cg2,s) \times \mathrm{FLOW}(r,v,t,p,c,s) \right]\end{aligned} \quad (2.27)$$

其中，式（2.27）给出了普遍适用的特定技术 p 的多输入和多输出之间的关系，如果只有单输入和单输出，则公式表述的是该技术的效率。其中，$cg1$ 和 $cg2$ 是技术 p 输入和输出中的某一类特定商品的集合；此外，FLOFUNC（p, $cg1$, $cg2$）是技术 p 中从商品集合 $cg1$ 到 $cg2$ 的基于技术的转换效率。

流量比例关系 EQ_INSHR(c,cg,p,r,t,s) 和 EQ_OUTSHR(c,cg,p,r,t,s) 为

$$\text{FLOW}(c) \leqslant, \geqslant, = \text{FLOSHAR}(c) \times \sum_{c_n}^{cg} \text{FLOW}(c_n) \quad (2.28)$$

其中，FLOW(c) 是商品 c 的流量；FLOSHAR(c) 是该商品 c 在所在集合中的比例。式（2.28）描述的是输入和输出的商品集合内不同商品的关系。

商品平衡方程 EQ_COMBAL(r,t,c,s) 为

$$\begin{aligned}
&\sum_{p,c \in \text{TOP}(r,p,c,\text{'out'})} \left[\text{FLOW}(r,v,t,p,v,s) + \text{SOUT}(r,v,t,p,c,s)\right] \\
&+ \sum_{p,c \in \text{RPC\_IRE}(r,p,c,\text{'imp'})} \text{TRADE}(r,t,p,c,s,\text{'imp'}) \\
&+ \sum_{p} \text{Release}(r,t,p,c) \times \text{NCAP}(r,t,p,c) \times \text{COM\_IE}(r,t,c,s) \\
\geqslant, = &\sum_{p,c \in \text{TOP}(r,p,c,\text{'in'})} \left[\text{FLOW}(r,v,t,p,c,s) + \text{SIN}(r,v,t,p,c,s)\right] \\
&+ \sum_{p,c \in \text{RPC\_IRE}(r,p,c,\text{'exp'})} \text{TRADE}(r,t,p,c,s,\text{'exp'}) \\
&+ \sum_{p} \text{Sin}k(r,t,p,c) \times \text{NCAP}(r,t,p,c) + \text{FR}(c,s) \times \text{DM}(c,t)
\end{aligned} \quad (2.29)$$

其中，RPC_IRE（r, p, c, 'imp/exp'）是区域 r 基于技术 p 的商品 c 的进口量或者出口量；TOP（r, p, c, 'in/out'）是区域 r 特定技术 p 内的商品 c 的流入量或者流出量；COM_IE（r, t, c）是商品 c 的使用效率；Release（r, t, p, c）是技术 p 在时间 t 拆除时所回收的商品 c 的总量；Sink（r, t, p, c）表示新增技术 p 的容量相对对商品 c 的需求。式（2.29）描述了区域 r 内商品 c 通过本地生产的生产量和区域外的进口量总和，必须首先满足该区域内的本地消费和向外区域出口的需求总和。

对模型污染物排放总量的约束在模型中有几种方法，即对计算年的排放量进行总量约束，或者对累积排放量进行约束，也可以通过设置不同的排放税来对总量间接约束。除此之外，模型还可以对资源量和技术进行约束，根据不同情景设置的要求变化。

2.3.3 模型经济变量的描述

China-MAPLE 模型的另一个明显特点为它是局部均衡模型。这种局部均衡在整个能源生产链中都有所体现，包括一次能源的生产与消费、二次能源的生产与

消费以及终端能源服务的供给与需求。供给-需求均衡模型的经济原理是当整个社会的总剩余（生产者剩余+消费者剩余）最大时，经济达到均衡。这也就意味着当总成本最小时，实际上社会的总剩余最大。局部均衡模型有如下假设。

（1）一种技术的产量与它的投入呈线性关系；

（2）在模型整个时间轴内总经济剩余最大；

（3）能源产品市场是竞争的，且市场是完全可预见的；

（4）每种商品的市场价格都等于其边际价值；

（5）每个经济参与者都想最大化其利润或者效益。

TIMES 模型一般将需求曲线定义为需求价格弹性不变的函数，用数学公式表示为

$$\mathrm{DM}_i(p) = K_i \cdot p_i^{E_i} \quad (2.30)$$

其中，DM_i 是第 i 种商品的需求量；p_i 是其对应的价格，一般被视为该商品的边际成本；E_i 是商品的价格需求弹性，为负值；K_i 是常数项。如果已知需求曲线上一点（p_i^0, DM_i^0），该点代表参考情形下的能源商品价格和需求量。那么需求函数还可以表述为

$$\mathrm{DM}_i / \mathrm{DM}_i^0 = \left(p_i / p_i^0 \right)^{E_i} \quad (2.31)$$

反函数为

$$p_i = p_i^0 \cdot \left(\mathrm{DM}_i / \mathrm{DM}_i^0 \right)^{1/E_i} \quad (2.32)$$

TIMES 模型的目标是实现整个能源系统在整个时间轴内的总成本的折现值最小，由于该模型是跨期模型，因此成本按每年表示。TIMES 模型的目标函数可以表示为

$$\mathrm{NPV} = \sum_{r=1}^{R} \sum_{y \in \mathrm{YEARS}} \left(1 + d_{r,y} \right)^{\mathrm{REFYR}-y} \cdot \mathrm{ANNCOST}(r, y) \quad (2.33)$$

其中，NPV 表示总成本的净现值；r 代表地区；y 代表年份；$d_{r,y}$ 是 r 地区在 y 年的折现率；REFYR 是基年；YEARS 是成本发生的整个时间范围；$\mathrm{ANNCOST}(r,y)$ 代表 r 地区在 y 年发生的总成本，主要包括以下成本（或收入）因素。

（1）整个能源系统中的资本支出；

（2）每年的运营和维修成本，包括固定和变动两部分，以及技术更换或者设备退休的拆除成本；

（3）进口成本和国内生产成本；

（4）出口商品带来的收入；

（5）商品的运输及配送成本；

（6）相关的税收和政府补贴；

(7) 设备的残值收入。

为了更好地理解 TIMES 模型的数学原理，可将其简单描述为以下线性规划：

$$\text{Min } c \cdot X \tag{2.34}$$

$$\text{s.t. } \sum_k \text{CAP}_{k,j}(t) \geq \text{DM}_i(t) \quad i=1,2,\cdots,I; t=1,2,\cdots,T \tag{2.35}$$

$$B \cdot X \geq b \tag{2.36}$$

其中，X 是所有技术集合；式（2.34）是目标函数，表示总折现成本最小；式（2.35）是需求满足约束条件；CAP 是终端行业技术的生产能力；DM 是外生的应满足的最小需求量。式（2.36）是所有其他约束条件集，包括能载体平衡、工艺生产容量约束、加工技术容量约束、电力和供热的负荷约束、能源累积储量约束、需求方程和排放约束，以及用户可自定义的约束方程等。

由均衡理论可知，当实现最大化总剩余（消费者剩余+生产者剩余）时，即可实现总折现成本最小。因此，以上线性规划又可改写为

$$\text{Max} \sum_i \sum_t \left\{ p_i^0(t) \cdot \left[\text{DM}_i^0(t)\right]^{-1/E_i} \cdot \int_a^{\text{DM}_i(t)} q^{1/E_i} \text{d}q \right\} - c \cdot X \tag{2.37}$$

$$\text{s.t.} \sum_k \text{CAP}_{k,j}(t) - \text{DM}_i(t) \geq 0 \quad i=1,2,\cdots,I; t=1,2,\cdots,T \tag{2.38}$$

$$B \cdot X \geq b \tag{2.39}$$

将式（2.39）中积分展开，以上线性规划又可写作：

$$\text{Max} \sum_i \sum_t \left\{ p_i^0(t) \cdot [\text{DM}_i^0(t)]^{-1/E_i} \cdot \text{DM}_i(t)^{1+1/E_i} / \int (1+1/E_i) \right\} - c \cdot X \tag{2.40}$$

$$\text{s.t.} \sum_k \text{CAP}_{k,j}(t) \geq \text{DM}_i(t) \quad i=1,2,\cdots,I; t=1,2,\cdots,T \tag{2.41}$$

$$B \cdot X \geq b \tag{2.42}$$

由式（2.40）~式（2.42）可知，以上线性规划的目标函数有非线性部分。因此，需要将以上公式进行线性化处理，具体处理如下，令

$$\text{DM}_i(t) = \text{DM}_i(t)_{\min} + \sum_{j=1}^n s_{j,i}(t) \tag{2.43}$$

$$\text{DM}_i(t)^{1+(1/E_i)} \cong \text{DM}_i(t)_{\min}^{1+(1/E_i)} + \sum_{j=1}^n A_{j,s,i}(t) \cdot s_{j,i}(t) / \beta_i(t) \tag{2.44}$$

其中，$\text{DM}_i(t)_{\min}$ 是 $\text{DM}_i(t)$ 的最小值，由模型使用者自定义，但必须保证实际 $\text{DM}_i(t)$ 总是落在使用者自定义的 $(\text{DM}_i(t)_{\min}, \text{DM}_i(t)_{\max})$。

2.3.4 政策分析的经济思路

图 2.3 为政策分析的基本经济思路框架图，显示了政策的影响和用来评估生产过程中的污染程度的标准。分析思路是按照固定模式，并且结合了许多非经济

指标，这是因为非经济因素在一定程度上也会影响研究结果。

如图 2.3 所示，横轴表示会产生温室气体的排放数量，视为可定价的商品，如电力部门的二氧化碳排放量；纵轴表示商品价格或单位成本。排放的需求来源于对电力的需求，用私人边际收益（PMB）和社会边际收益（SMB）曲线表示。私人市场供给曲线是生产的私人边际成本（PMC），因此不受约束时的均衡数量是 Q^0，均衡价格等于 P^0。然而每一单位的产出都会有外部成本，社会边际成本（SMC）等于私人边际成本（PMC）加上边际外部成本（MEC）。若每一单位产出对需求没有外部性，则有 PMB=SMB。

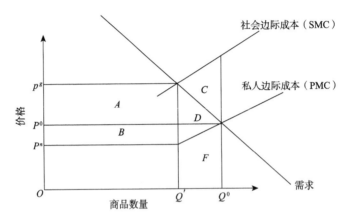

图 2.3　政策分析的基本经济思路框架图

在规定的简化假设下，社会最优在 SMC=PMB 时取得，即 Q'。若初始状态为 Q^0，最佳数量 Q' 可以通过实施一些不同的政策而获得，如限制产量，使数量从 Q^0 降到 Q'；或设定固定数量的可交易许可证，通过限制污染量使数量减少至 Q'。在这种情况下，P^n 是允许的均衡价格净成本，而 P^g 是许可证的价格总成本（由消费者支付）。

主要的经济目标包括经济效率、成本效益和交易成本。

（1）经济效率。在一个经济体系中，如果对于目前的资源配置方式，不存在另一种资源配置方式能在没有使任何人情况变坏的前提下，使至少一个人变得更好，即所谓的帕累托最优。如图 2.3 所示，随着产量从 Q^0 开始减少，效率得到提高，因为它节省的成本超过了减少产量带来的收益。这可以通过减少税收征收（碳税）或可交易排放许可达到。进一步减少产量产生进一步的净收益，SMC 大于 SMB，直到产量减少到 Q'，此时 SMC=SMB。因此，获得的经济效益是 C。由于实际原因，完美的效率是难以实现的，但是初始从 Q^0 处比从 Q' 处会获得更大的收益。

（2）成本效益。每单位产出的污染在图2.3中是固定的，但实际技术提供减少每单位产出污染的不同方式。如果政策能在最低的成本减少污染（给定一个气候目标），那么它就是划算的。成本效益的一个重要条件是各边际成本应该相等。

（3）交易成本。除了价格支付或收到，市场参与者还面临其他交易成本。例如，针对不同政策的需要，在情景设计、实施和评估时产生的成本变动也需要考虑在内。

除了主要的经济目标外，非经济因素也会给研究结果带来重要影响，如环境污染物减少带来的协同效益。

（4）协同效益。气候政策可能会减少温室气体排放量和当地污染物，如二氧化硫排放量、氮氧化物排放量，从而有效防止酸雨。而对于其他污染物，如果它们早已得到有效监控（边际成本和边际损失相等），那么这些污染物的减少可能对社会不会产生任何净收益。相反如果污染物没有得到有效监控，那么气候法规限制污染物数量可能产生积极或消极的社会净收益。

气候政策也可能影响其他国家的目标，如能源安全。对于那些希望减少对进口化石燃料的依赖的国家，气候政策可以提高能源效率和国内可再生能源供应，同时减少温室气体排放量。

除了要估计总成本，模型还要被用来估计边际减排成本。在排放总量控制与交易制度下，当边际减排成本等于默许价格，理论上会减少排放成本。在碳排放税情况下，当边际减排成本等于税率，排放成本会减少。在此理论基础上，可以得出边际减排成本与不同程度排放之间的关联。在简化条件下，边际减排成本曲线下的面积就可以度量减排的经济总成本。因此，边际减排成本曲线可以作为模型经济性分析的有力工具。

2.4　主要社会经济参数

2.4.1　经济增长和产业结构

中国经济一直保持快速的增长，在2005年之后一直保持着平均约12.3%的经济增长率，对世界经济的发展有重要的贡献。大量研究表明，对中国未来的经济发展的预测，有着较大的不确定性。本书模型输入的参数采用曹静[52]的动态一般均衡CGE模型研究中设定的中等增长情景。由于我国的经济增长速度和过去的十年相比有显著的放缓，基于更理性的假设，我国经济总量的年均增长速度逐渐减缓，到2020年降至6.2%左右，在2030年之后进一步降到4.1%左右（表2.2）。

在该中等经济增长的情景下,我国 2010~2020 年的 GDP 平均增速为 7.3%,之后 2020~2030 年的平均增速逐渐降低到 4.8%,2030 年以后增速继续降低到平均约 3.1%。根据世界银行的基年数据[110]和国务院发展研究中心发布的中国 GDP 增速预测结果,2015~2020 年的 GDP 平均增速约 7%,2020~2030 年 GDP 平均增速则降为约 5.4%。这与本节采用的 GDP 增速情况基本一致。

表 2.2　中国在中等增长情景下的 GDP 总量和增长率

变量	2010 年	2020 年	2030 年	2040 年	2050 年
GDP 总量/万亿元	40.1	82.7	145.2	215.6	275.4
GDP 年均增长率	7.5%	6.2%	4.1%	3.2%	2.5%

注:以 2010 年价格水平为基准

我国的产业结构随着经济的不断增长也在逐步改善,主要体现在第一和第二产业的增加值在国民经济增长中的比重不断降低,第三产业的占比不断提高。其中,预计第一和第二产业所占的比重在 2030 年分别降到 4.85% 和 43.24%,并且在 2050 年该比重进一步降低到 2.65% 和 36.94%;第三产业的比重在 2030 年将增加到 51.91%,进一步地,在 2050 年这一比重将提高到 60.41%(表 2.3)。

表 2.3　三产的增加值和 GDP 构成

变量	2010 年	2020 年	2030 年	2040 年	2050 年
第一产业占比	10.15%	7.22%	4.85%	3.25%	2.65%
第二产业占比	49.13%	46.49%	43.24%	39.63%	36.94%
第三产业占比	40.72%	46.29%	51.91%	57.12%	60.41%

2.4.2　人口和城市化

我国政府从 20 世纪 80 年代开始推行计划生育政策,使我国的人口增速不断降低,同时也出现了人口结构失衡的问题。2013 年 11 月,我国发布调整决定,"在坚持计划生育这一基本国策"的前提下,对于"一方是独生子女"的家庭,政策相对放宽,允许"生育两个孩子",这表明"单独二孩"的政策得到了正式的合法化。2015 年 10 月,中国共产党第十八届中央委员会第五次全体会议公报指出:坚持计划生育基本国策,积极开展应对人口老龄化行动,实施全面二孩政策。中国从 1980 年开始,推行了 35 年的城镇人口独生子女政策真正宣告终结。由社会科学文献出版社出版的曾毅等所著的《生育政策调整与中国发展》[111]一书中,分别对继续保持独生子女政策、实施"单独二孩"政策和假设全面放开政策三种情景下的人口增长进行了预测。

城市化率的估计对能源模型的能源消耗的估计有重要的影响作用。我国城市化率逐渐提高,在 2018 年已经达到 59.58%。我国城市化率的不断增加除了城市规划和新增人口的自然增长外,还有大量农村人口在城市流动的原因,当然还和投资增长以及房价的变化相关。关于城市化率和经济增长率的关系的研究有很多,最著名的是 Chenery[112]提出的"一般发展模型"。Chenery 模型认为城市化率同经济发展水平的不同阶段相对应,体现在城市化率和人均 GDP 之间存在一定的相关系数。其中,周一星等在《城市地理学》一书中经过实证研究提出城市化率和人均 GNP 之间存在式(2.45)的对数曲线关系,南京大学的谢昆[113]研究认为城市化率和人口总数,以及人均 GDP 存在着相关系数,如式(2.46)所示。

$$X = 0.4062 \log Y - 0.758 \tag{2.45}$$

$$X = \alpha \ln Y + \beta N + c \tag{2.46}$$

其中,X 表示城市化率;N 表示人口总数;Y 表示人均 GDP;c 是调整的常数。根据本模型设定的 GDP 增速和人口情况,我国城市化率核算为 2020 年达到 58.2%,2030 年达到 67.1%,2050 年达到 75.2%(表 2.4)。城市化率的核算对我国未来能源消耗的预测有着重要的意义,体现在农村和城镇居民的能源消费结构不同,单位建筑面积的能耗有着一定差距,因此,和城市化率直接相关的城镇和农村建筑面积增长影响到建筑部门的未来能耗预测,此外对于相关工业部门,如钢铁和水泥等产品的生产和终端能源消耗也会带来影响。

表 2.4 人口和城市化率

变量	2010 年	2020 年	2030 年	2040 年	2050 年
总人口数/亿人	13.6	14.4	14.7	14.3	13.9
人均 GDP/万元	2.95	5.74	9.88	15.08	19.81
城市化率	51.1%	58.2%	67.1%	72.4%	75.2%

2.5 资源供给

2.5.1 资源供给曲线

本书的研究引入了资源供给曲线。研究考虑了资源的不同来源(国内生产和进出口来源),基于国内生产资源的不同产区(如华北、华东、东北、中南、东南和西部等），探究在不同的生产能力和生产成本下的资源供给情况。对于自底向上的能源优化模型，资源供给的价格梯度会直接影响技术选择，进而使能源系统优化后的技术构成更具合理性。

首先，对于资源供给的价格内生问题，存在几个基本原理：①资源的使用顺序是严格按照成本的高低来排序的；②假设价格已经超过了成本，则资源将完全被耗竭掉。也就是从资源的开采活动开始，矿藏将会一直被开采直到该矿藏枯竭。当然也存在例外的情况，如储存量足够大等。

$$Z_t = \sum_{i}^{t-1} q_i \quad (2.47)$$

$$C(q,z) = \min_{x_i} \sum_{i=1}^{J} c_i \times x_i \quad (2.48)$$

$$且 x_i \leqslant R_i 时，\forall i 有 q = \sum_{i=1}^{J} x_i \quad (2.49)$$

其中，Z_t是基于时间t的累积开采量；q_i是第i个矿产储地的总开采量；$C(q,z)$是总的开采成本；x_i是第i个矿产储地的当前已开采量；R_i是储量i的总剩余量；c_i是第i个矿储的单位平均开采成本。

随着开采量的增加，短期的累积成本曲线会呈上移的趋势，即开采成本会逐渐提高，成本函数的截距增加，剩余储量的单位开采成本将随着开采进程而不断增加。在图 2.4 中体现为从（a）到（b）截距的变化。另外，开采成本较低的优质矿藏往往优先被开采，随着开采进程的不断推进，其他的储量才被逐渐使用。考虑到新增投资量的增加，单位开采成本曲线的斜率则会减小，在图 2.4 中体现为从（a）到（c）图的变化。长期来看，随着剩余矿储的减少，开采难度逐步增大，会导致单位开采成本的迅速增加。体现在长期成本曲线上，则如图（d）所示，在不同的开采阶段，曲线呈 S 形。

长期成本曲线 S 形趋势可以解释不同阶段对矿储的开采情况，针对具体的矿产储地，S 形趋势会有不同的变化或者仅取其中的某一段，这需要对比所处的阶段。首先，在初期阶段①几处新矿储被发现，但是由于该矿储资源是有限的，导致生产成本的不断增加。到达阶段②之后，生产成本达到相对平稳，这是因为大部分矿储在本质上是相似的，生产成本在规模开发的基础上有所下降。在阶段③随着剩余储量的减少和较优势资源的开采结束，生产成本将随着累积开采量不断增加。在最后的阶段④，仅剩下具备较大开采难度或者需要重新投资采用全新开采技术的矿储，将导致生产成本的迅速上升。不同类型矿产资源可根据所处的不同阶段取 S 形曲线的不同部分。

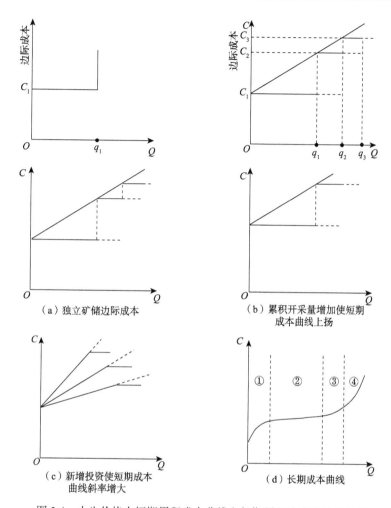

图 2.4 内生价格在短期累积成本曲线和长期累积成本曲线的体现

本书的生产成本曲线是基于图 2.4（d）的 S 曲线的离散化成本曲线，建立在将资源储量作为一系列单位开采的成本各不相同的等级资源的基础之上。给定总储量的生产成本函数可以用一系列的成本曲线来表示，其中每一段成本曲线的形式如图 2.5 所示。不同的单位开采成本分别对应不同的资源等级，除了成本最高的资源等级外，其他等级都存在回止技术和回止价格，每一等级的回止技术都是由下一等级的资源开采成本给出。每个供应关系都对应了一种情况，在开采给定了等级资源的阶段内，开采成本是随利率递增的。

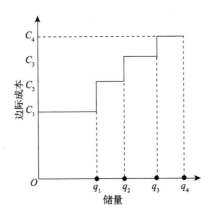

图 2.5 离散化累积生产成本曲线

我们假设在时间段 $[t_{i-1}, t_i]$ 开采的是单位成本为 c_i 的矿产资源等级，利率一直为 r，则价格轨迹在 $[t_{i-1}, t_i]$ 内是恒定的，因此，在时间 t_{i-1} 和时间 t_i 分别列出开采价格轨迹的表达式，并使两点的结果相等，整理如下：

$$P(t_{i-1}) = c_{i-1} + \left[P(t_i) - c_i\right] e^{-r(t_i - t_{i-1})} \tag{2.50}$$

根据式（2.50）可知，如果确定了资源储量开采耗竭时的价格，那么就可以确定储量在全开采过程中每个时间段内的均衡价格。

根据以上理论基础，绘制我国可耗竭资源煤、原油和天然气资源的能源供给曲线。同样，对于可再生资源，虽然不存在可耗竭资源的资源总量限值，但在不同区域的开采成本不同导致区域资源的差异性明显，因此也可根据不同技术绘制资源供给曲线。

2.5.2　不可再生资源供应

我国煤炭资源主要分布在华北和西北地区，集中在昆仑山—秦岭—大别山以北的北方地区，以山西、陕西、内蒙古等省（自治区）的储量最为丰富。晋陕蒙地区集中了我国约 60% 的煤炭资源，另外还有少部分集中于川、云、贵、渝地区。从开采的难易度和成本上考虑，我国煤炭的平均开采难度和世界上其他主要产煤国相比中等略偏下，其中东南部地区由于地形复杂，开采难度较大。基于数据调研，分别考虑不同产区的铁路运输距离和单位标准煤运输成本，对主要煤炭产区的生产能力及估算得到的包含运输成本的各产区平均总成本进行了整理[114~116]，如表 2.5 所示。

表 2.5 国内煤炭资源分产区生产能力情况

地区	分产区生产能力/亿吨标准煤		各产区平均总成本/(元/亿吨标准煤)	
	2005 年	2010 年	2005 年	2010 年
京津冀地区	1.01	0.95	183.1	203.2
山西	6.35	7.28	230.2	263.6
陕西	1.3	2.24	168.1	190.7
内蒙古	2.3	4.34	180.7	202.6
宁夏	0.28	0.52	188.6	211.8
东北区	2.12	2.04	169.7	188.4
华东区	2.94	2.96	290.7	319.8
中南区	2.42	2.29	237.3	261.0
西南区	3.09	3.39	157.1	172.9
新甘青地区	0.79	2.07	341.8	354.0

对于进口的煤炭资源，本模型主要考虑来自于澳大利亚产区和越南、印度尼西亚产区的进口。模型根据不同部门的煤炭需求选择不同产区和成本的煤炭使用。阶梯供给曲线会体现自底向上模型中不同资源之间的相互替代关系，使不同需求下的技术选择更贴近现实。

我国石油资源的分布从地理位置上看相对集中，平均可采资源量较大。其中渤海湾和松辽盆地的地质资源量超过 100 亿吨，塔里木盆地、准噶尔盆地和鄂尔多斯盆地的地质资源量超过 50 亿吨，柴达木盆地和珠江口盆地的地质资源量超过 10 亿吨。其他油田的资源量则普遍低于 10 亿吨[117]。我国主要的石油盆地资源整理如表 2.6 所示。

表 2.6 我国主要石油盆地资源分布情况　　　　　　　　单位：亿吨

分类	盆地	地质资源量	可采资源量	待探明可采资源量	累积探明地质储量	累计探明可采储量
Ⅰ	渤海湾	224.52	54.83	24.80	123.19	30.04
	松辽	113.07	45.78	17.08	74.78	28.70
Ⅱ	塔里木	80.62	23.95	21.49	14.55	2.47
	鄂尔多斯	73.53	17.16	12.64	24.74	4.52
	准噶尔	53.19	13.09	8.05	20.92	5.04
Ⅲ	珠江口	21.95	7.58	5.06	6.85	2.52
	柴达木	12.91	3.35	2.57	3.35	0.78
Ⅳ	其他	185.22	46.28	41.24	20.9	5.04
	合计	765.01	212.02	132.93	289.28	79.11

除了常规油之外，本书还考虑了非常规油，如油砂和页岩油。我国目前探明的页岩油资源主要分布在东北地区和南部沿海地区。我国油砂资源主要分布在东中部的较大的盆地中，目前我国大约有 24 个含油砂盆地。油砂地质资源量约 59.7 亿吨，其中可采量大约 22.6 亿吨。

我国的天然气资源分布区域主要在东中部地区、西部地区和东南部近海地区。我国目前主要的含油气盆地大约有 9 个，其地质层面的资源储量大都在 1 万亿立方米以上，主要的参数整理总结在表 2.7 中。我国天然气资源主要分为三类，第一类的两大盆地地质资源量较高，约 5 万亿立方米；第二类主要盆地如鄂尔多斯、柴达木、东海、莺歌海和渤海湾等盆地的地质储量大于 1 万亿立方米；其他盆地的平均地质储量低于 1 万亿立方米。

表 2.7　我国主要天然气盆地资源分布情况　　单位：万亿立方米

分类	盆地	远景资源量	地质资源量	可采资源量
Ⅰ	塔里木	11.34	8.86	5.86
	四川	7.19	5.37	3.42
Ⅱ	鄂尔多斯	10.7	4.67	2.9
	东海	5.1	3.64	2.48
	柴达木	2.63	1.6	0.86
	松辽	1.8	1.4	0.76
	莺歌海	2.28	1.31	0.81
	琼东南	1.89	1.11	0.72
	渤海湾	2.16	1.09	0.62

除了常规的天然气资源，本书的资源供给中也考虑非常规天然气资源，如煤层气、页岩气。我国的煤层气主要分布在东中西部等煤炭大区以及大型的含气盆地。页岩气主要是以甲烷为主要组分的干气，我国的页岩气分布主要在南方地区和西北地区，此外，四川和青藏地区也有着巨大的勘探潜力。

2.5.3　可再生资源供应

本小节主要介绍我国的可再生资源分布及利用情况。本书中我国的可再生资源主要考虑风能、太阳能和水能，分析其资源量、在天气条件和电网制约下的发电小时数和主要发电的成本。对于主要的可再生资源，本书考虑不同的资源分布区域并分别进行发电小时数和平均成本的核算,构建资源供给梯度。最后对生物质能的资源情况也做了简要的分析和总结。

我国风能资源丰富,主要分布在北部地区以及东部和南部沿海地带;风电资源一方面受到气候条件较大的影响,另一方面也由于资源分布和电网负荷的不匹配,使其资源供给情况和开发利用成本不同。主要资源供给情况如表2.8所示。

表2.8 风电资源的利用情况和平均成本

分类	年发电小时数	可利用量/亿千瓦时	成本/(元/千瓦时)
陆上风电Ⅰ	2 750	1.4	0.45
陆上风电Ⅱ	2 500	1.4	0.50
陆上风电Ⅲ	2 250	2.0	0.55
陆上风电Ⅳ	2 000	4.0	0.60
陆上风电Ⅴ	1 700	5.2	0.70
海上风电Ⅰ	3 250	0.1	0.75
海上风电Ⅱ	3 000	0.2	0.80
海上风电Ⅲ	2 750	0.2	0.85
海上风电Ⅳ	2 500	0.5	0.90
海上风电Ⅴ	2 200	0.5	1.00

我国太阳能按照资源分布的丰富程度分为几个区域,Ⅰ、Ⅱ和Ⅲ区为资源丰富区,主要是指西藏、新疆南部和青海、甘肃、内蒙古东部等地,Ⅳ区为资源较丰富的区域,主要是新疆北部、内蒙古东部、东北和华北、江苏以及广东和福建的沿海一带,Ⅴ区为资源较贫乏的地区,主要分布在东南部的丘陵区和广西西部等地区。分区的太阳能资源的总辐射量及可利用量、太阳能发电的年发电小时数和平均成本在表2.9中进行了总结。

表2.9 太阳能资源分布及光伏发电供应情况和成本

分类	总辐射量/[千瓦时/(年·米²)]	可利用量/亿千瓦时	年发电小时数	平均成本/(元/千瓦时)
资源丰富Ⅰ	2 500	2.8	1 900	3.11
资源丰富Ⅱ	2 000	2.6	1 500	3.82
资源丰富Ⅲ	1 740	5.2	1 300	4.35
资源较丰富Ⅳ	1 400	4.8	1 050	5.42
资源较贫乏Ⅴ	1 160	1.6	870	6.57

我国水能资源虽然丰富但是分布极为不均,本节着重关注小水电技术,小水

电站的总数占全国水电站总数的 92%，因此对于当地的电气化建设有着重要的贡献。我国小水电的技术可开发量和年平均运行成本在表 2.10 中总结列出[118]。

表 2.10　我国小水电技术可开发量和年平均运行成本

分类	技术可开发量/兆瓦	平均运行小时数	年平均运行成本/（元/千瓦时）
I	1 138	1 651	7 000
II	12 148	2 809	7 000
III	10 700	3 332	7 000
IV	22 540	3 699	8 500
V	34 138	4 258	5 100

2.6　能源加工转换部门

模型中的能源转换部门主要包括石油炼制、煤炭洗选、煤液化/气化、生物燃料和电力及热力的生产。

我国石油炼制总规模较大，但装置的规模较小，主要炼厂装置是对重质原油的配置，并且催化裂化的比重较高，低硫汽油及柴油等清洁燃料的生产仍相对落后。我国石油炼制技术主要面临的问题是如何适应柴汽比的限制。随着柴油需求的不断增长，柴汽比也逐渐增加，2005 年我国柴汽比达到 2.26。而我国主要采用的催化裂化技术在技术创新的最大范围内可达的柴汽比约 2.1，并且该数值已经接近技术的极限，因此我国仍然存在较大的供需不匹配问题[119]。

煤炭的洗选是燃煤清洁利用的基础，我国的煤炭洗选目前存在的主要问题仍然是原煤的入选比例较低，考虑到我国发电用煤有较高的灰分，以及工业锅炉和居民部门采用了大量低品质原煤，会导致更多的污染物排放，加大煤炭入选比例是未来的主要目标。国家能源局、环境保护部、工业和信息化部《关于促进煤炭安全绿色开发和清洁高效利用的意见》指出，到 2020 年，原煤入选率的目标为达到 80%以上。

随着天然气价格的不断增长及能源安全问题的日益突出，煤制气作为重要的燃料供应替代方案受到更高的关注。煤制气的技术目前较成熟的是纯氧气化路线，除此之外还有加氢气化及蒸汽气化路线。纯氧气化路线的能源效率在 59%~61%，但该技术相应的 CO_2 排放量较高，约 67%的碳通常以 CO_2 的方式排放，还需要额外加装碳捕获装备。

我国生物液体燃料加工目前主要包括燃料乙醇的生产和生物柴油的制备。其中燃料乙醇的生产基于粮食安全问题，更多鼓励采用非粮农作物。我国拥有目前世界上最大的木薯乙醇生产装置，并建成有 5 000 吨级的甜高粱乙醇示范项目，生产成本较高，为 4 900~6 800 元/吨，其中，原料成本占 65%以上。我国生物柴油制备的平均生产成本为 7 000~8 000 元/吨，原料成本占 75%以上[120]。

电力生产技术方面，本书主要介绍火力发电技术、核电技术和可再生能源发电技术。煤电和天然气基发电是我国火力发电的主要构成技术。模型中对于煤电技术的设定包括常规发电技术，如不同装机容量等级的煤粉炉和循环流化床炉；主要的超临界和超超临界技术；等等。除此之外还包括整体煤气化联合循环（integrated gasification combined cycle，IGCC）技术和热电联产技术。

从煤电三种典型机组的技术参数上来看，超临界机组的电力生产效率在 41%~42%，单位发电的煤耗约 310 克标准煤/千瓦时，超超临界机组的电力生产效率为 45%~47%，单位发电的煤耗约 280 克标准煤/千瓦时[121]。技术成本上，我国的超临界和超超临界机组的国产化率分别达到了 100%和 90%，这使我国的火电超临界和超超临界技术成本得到有效的降低。参考相关研究，并根据现有机组的技术文件进行调整，模型中已投产的超临界和超超临界机组投资平均水平为 3 680~3 730 元/千瓦，新建机组的投资成本设定为 3 500 元/千瓦，其中设备和安装成本为 2 400~2 600 元/千瓦，土建成本约 750 元/千瓦，其他投资为 450~550 元/千瓦。考虑火力发电非基于燃料的运行成本，主要包括固定运行成本和非燃料的可变运行成本，其中固定运营成本水平在 115~137 元/千瓦，非燃料的可变运行成本为 0.041~0.051 元/千瓦时。

超临界技术及超超临界技术的迅速发展为 IGCC 发电技术提供了较好的基础，有助于提高国产化率、降低成本。模型对 IGCC 技术成本的总体估计值采用国际能源署出版的《中国洁净煤战略》中的水平，具体设置为 2030 年之前建设成本为 6 500~7 200 元/千瓦，技术逐步成熟和增大投产后的建设成本将达到 5 800 元/千瓦。其他参数方面，电厂的自用电率参照《电力统计年鉴》，全国各省的自用电率为 4.71%~9.2%，估算全国平均水平约 5.15%。电厂的烟气脱硫和脱硝投资成本平均为 200~300 元/千瓦，2030 年后投资成本平均降为 200 元/千瓦左右。不同技术对应的直接排放系数和脱除情况在第 3 章中具体论述。

天然气发电基年的技术主要为基于天然气的燃气轮机技术和燃气蒸汽联合循环机组。我国天然气发电技术和煤电技术相比具有效率较高、相对环保、占地面积较小和建设周期较短等优点。投资成本上也较低于燃煤的蒸汽轮机组，其中大功率燃气轮电站的投资费用在 1 350~1 780 元/千瓦，燃气蒸汽联合循环的投资费用平均在 3 700~4 230 元/千瓦。除了煤电、天然气发电和油电，生物质能源的利用中还包括生物质直燃发电及气化发电技术。本节将主要的火电发电技术的效率和发电成本在表 2.11 中进行对比。

表 2.11　火电发电技术发电效率和发电成本

机组发电方式	发电技术	发电效率	发电成本/（元/千瓦）
燃煤发电	超超临界	45%~47%	3 600~3 800
	超临界	41%~42%	3 700~3 850
	亚临界	38%~39%	4 400~4 600
	循环流化床	35%~40%	4 500~6 000
	IGCC	40%~43%	8 000~10 000
燃气发电	天然气锅炉	35%以下	3 100~3 400
	NGCC	55%~67%	3 282~3 350
燃油发电	直燃锅炉	25%以下	3 300~3 500
煤矸石发电	循环流化床	37%	4 500~6 000
生物质发电	生物质直燃	23%	6 500~8 500
	生物质气化	36%	6 500~12 000

注：NGCC 的全称为 natural gas combined cycle，天然气联合循环

火电生产对于燃料消耗的选择是根据燃料成本的梯度选取的，燃料的供给曲线在 2.5 节中具体给出。电力部门的新技术设定主要包括以下几个方面：①发电效率的提高，如现有超临界技术和超超临界技术在不同阶段效率的提高；②消耗新种类能源的技术的出现，如氢能发电等技术；③包含较高效率的末端处理技术，如 SO_2 和 NO_X 的脱除技术等。

由于核电站的建设成本及运营成本较高，约为火电站的 3 倍左右，因此核电的发电成本较高，为 0.42~0.54 元/千瓦。随着核安全问题的升级，我国核电发展增速放缓，但在未来，核电仍然是重要的电力生产构成，对调整电源结构有着积极作用。

此外，风电、太阳能、生物质及小水电等可再生能源的发电技术也在我国电力生产中发挥着重要作用。我国并网风电发展迅速，2008 年我国为世界排名第四的风电国家，装机容量达到 1 240 万千瓦。我国的陆上发电通常以 2 000 千瓦机组为主，机组成本为 5 800~6 400 元/千瓦。海上风电的发电成本和规模直接相关，大规模的生产会大量降低建设成本，在总投资中，机组的建设成本占到一半以上，未来的平均风电投资成本为 8 790~10 200 元/千瓦。我国太阳能光伏发电的装机容量不断增加，2005 年底的总容量已经达到 7 万千瓦。2018 年末，全国发电装机容量达到 189 967 万千瓦，其中并网太阳能发电装机容量 17 463 万千瓦。2018 年，陆上风电平均安装成本约为 1 170 美元/千瓦。预计 2020 年，我国陆上风电度电成本将下降至 0.30~0.40 元/千瓦时，海上风电度电成本下降至 0.56 元/千瓦时，海上风电机组设备投资成本将下降至 14 000 元/千瓦时。陆上风电投资成本约为 7 500 元/千瓦，海上风电投资成本约为 14 000~19 000 元/千瓦。但由于电能的转化效率较低，在 11%~16%，因此光伏发电成本较高，投资成本约 24 000 元/千瓦。

此外,生物质发电的未来建设投资成本为 9 200~9 600 元/千瓦,小水电投资成本为 3 550~9 970 元/千瓦。

热力的生产根据使用类型分为电站锅炉和工业锅炉,根据供热方式分为热电站热力供应和区域供热。其中,我国工业燃煤锅炉的比例较高,2010 年占我国锅炉总量的 78%以上,而燃油和燃气锅炉仅占 17%左右。从效率上来看,全国平均的工业锅炉运行效率在 60%~67%,该水平较大程度上低于国际的平均水平[122]。工业和生活锅炉对污染物有着不可忽视的贡献,其中 2010 年 SO_2 排放量的 45%~55%来源于工业锅炉排放。2012 年,燃煤工业锅炉排放二氧化硫约 570 万吨,占全国排放总量的 26%左右。我国的工业锅炉中绝大多数是燃煤锅炉,年消耗 4.9 亿吨标准煤,平均效率为 65%~70%。因此,提高工业锅炉供热效率,对于优化能源结构和实现污染物减排有重要的作用。

2.7 终端能源需求部门

终端能源服务需求是自底向上能源模型分析的基础,能源终端设备所提供的有用能可以满足当年的终端能源需求是能源系统优化分析的前提条件。本书的中国区域模型的终端能源服务需求可划分为四个主要部门,即工业部门、交通部门、建筑部门和农业部门及其他。本书对终端服务需求的划分如图 2.6 所示。本小节主要介绍工业、交通和建筑部门的终端能源需求。

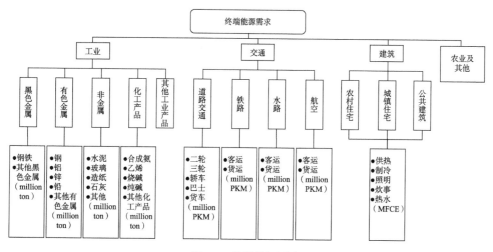

图 2.6 终端能源需求

对于未来终端能源需求的预测,相关文献进行了大量的研究。其中较为主流的预测方法包括[123~126]：基于计量模型的回归分析法；基于历史数据进行统计分析；以及基于模型比较的预测法和弹性系数分析法。本书的终端能源需求预测根据部门不同进行区分。其中对交通部门的未来客运及货运周转量预测，以及对建筑部门未来住宅和公共建筑面积的预测首先根据弹性方程法进行预测，为了防止对未来需求预测的高估，充分考虑实际发展水平和能源服务价格变动的影响。工业部门按照终端产品类型又分为黑色金属、有色金属、非金属、化工产品和其他工业产品（表 2.12）。主要工业产品的单位是百万吨，分类别的其他工业产品单位是百万吨标准煤。工业部门的需求预测则需要根据具体的产品需求来源，分别建模分析，并采用组合模型比较和专家调研等方法来确定未来能源服务需求。

表2.12 工业部门终端能源需求

产品分类	变量	终端需求描述	单位
黑色金属	IRON	粗钢	百万吨
有色金属	Copper	铜	百万吨
	Alum	铝	百万吨
	ZinD	锌铅	百万吨
非金属	Cement	水泥	百万吨
	Glass	玻璃	万箱
	Stick	砖瓦	万块
	Paper	造纸	百万吨
	CaO	石灰	百万吨
	OTHEM	其他非金属	百万吨标准煤
化工产品	AMA	合成氨	百万吨
	Ethy	乙烯	百万吨
	CaSoda	烧碱	百万吨
	Soda	纯碱	百万吨
	OTHCHE	其他化工产品	百万吨标准煤
	OTHIND	其他工业产品	百万吨标准煤

交通部门按照模式划分为道路交通运输、铁路运输、水路运输和航空运输，进一步划分为货运和客运。客运终端服务需求单位为百万人·千米，货运终端服务需求单位为百万吨·千米。模型中建筑部门的划分包括城镇住宅、农村住宅、大型公共建筑及一般公共建筑。交通部门能源服务需求主要的影响因素包括人

口、GDP 增速和终端服务价格等，根据客运、货运模式划分。建筑部门的能源服务需求主要包括人口、城市化率、人均收入等。驱动因子是加置于不同终端服务需求，并用于对模型计算年内的终端服务需求进行预测的变量。

$$\text{Demand}_t = \text{Demand}_{t-1} \times k \times \text{driver}^{\text{elasticity}} \quad (2.51)$$

其中，k 是常量，作为调剂量，如当驱动因子为人均 GDP 增长时，k 是人口量。驱动因子通过需求弹性作用于终端需求服务量的变化，如式（2.51），且不同部门的终端需求对应的驱动因子不同。交通客运需求对应的驱动因子为人均收入、能源服务价格和人口；货运需求对应因子为收入和能源服务价格。建筑部门驱动因子为 GDP 增长、城市化率、人口等，并考虑能源强度的变化。

工业部门的需求预测中常用的方式是回归分析法或灰色分析法，但影响工业产品需求的因素众多，需要根据我国的实际情况进行建模预测。以水泥行业为例，影响水泥产量的包括城市化率的增长、建筑面积的变化、人均 GDP 增长、人均历史的累积消费量和钢铁的消费量等，并且实际产量的变化还需要综合考虑行业发展的具体情况。因此对水泥行业的能源服务的需求从多因素影响角度分别建模预测，根据层次分析法和专家调研来对不同结果进行比对和综合分析，最后根据我国的经济发展具体情况以及该产业的实际行业发展趋势来确定终端服务需求。

工业部门以钢铁和水泥需求预测为例，主要采用多因素分析建模和比较法[127]。钢铁需求主要来源于三个方面：建筑业用钢、交通业用钢和工业用钢。例如，2010 年钢铁消费的 57%来自于建筑业，约有 33.3%来自装备制造，此外有 7%来自于道路汽车制造等。钢铁需求的预测也分为三个方面，首先建筑业用钢需要考虑建筑面积的变化、单位面积的钢耗和建筑总产值变化等因素，交通业的用钢根据交通部门周转量和保有量预测等因素来核算，工业用钢量根据工业总产值、三产比例和 GDP 增速等因素来确定。其中，建筑业用钢量与建筑业总产值之间存在 S 曲线分布关系，如式（2.52），y_B 是建筑业用钢量，x_B 是建筑业总产值。工业总产值和工业用钢量符合 power 曲线的分布，如式（2.53）。其中，y_I 是工业用钢量，x_I 是工业总产值。

$$\ln y_B = 10.125 - 22\,950/x_B \quad (2.52)$$
$$\ln y_I = 0.725 + 0.869 \ln x_I \quad (2.53)$$

这三方面的预测需要充分考虑每年钢铁的折旧，并且在中长期内为了防止对钢铁产量的高估，还需从全生命周期的角度考虑在到达饱和水平后，钢产量的下降率。基于以上预测方法，2020 年我国粗钢需求量为 7.86 亿吨，比 2010 年提高了 23.4%；2030 年我国粗钢需求量为 8.07 亿吨，比 2010 年提高了 26.7%，并达到峰值；2050 年我国粗钢需求量为 7.93 亿吨，比 2010 年提高了 24.5%。

在水泥多因素分析建模中，主要包括水泥消费量和城镇化水平之间的关系分析；人均 GDP、三产比例、钢铁消费量与水泥消费量之间的关系分析；GDP 增长与水泥消费量的弹性系数关系分析；人均累积消费量的时间序列拟合；人均累积消费量与 GDP 增长的弹性系数关系分析；以及对饱和水平维持时间和下降率的预测。

1）水泥消费量和城市化率的关系

基于历史数据的调研对比发现，水泥消费量和城市化率存在线性拟合关系。

$$Y = ax + b \tag{2.54}$$

$$x = \alpha \ln G + \beta N + c \tag{2.55}$$

其中，Y 是水泥消费量；x 是城市化率；G 是人均 GDP；N 是人口总数；a，b，c 是常量参数。基于城市化率对水泥需求量的预测，我国水泥熟料生产的峰值需求量约为 17.8 亿吨。

2）水泥消费总量和国家 GDP 增长的关系建模

水泥消费量的增长和 GDP 增长存在弹性系数关系，即

$$\delta = \frac{X_n / X_{n-1}}{Y_n / Y_{n-1}} \tag{2.56}$$

其中，δ 是弹性系数；Y_n 是第 n 年份的 GDP；X_n 是第 n 年的水泥消费量。弹性系数的时间序列拟合曲线为

$$\delta = -\alpha t + \beta \tag{2.57}$$

其中，α、β 是模拟 GDP 增长与水泥消费弹性系数的参数，通过弹性系数预测法得到的水泥生产达到峰值的时间为 2020 年，达峰的水泥熟料需求量为 16.5 亿吨。

3）基于历史人均累积消费量的拟合

$$Y = \int_{t_1}^{t_{max}} f(t) dt = At^2 + Bt + C \tag{2.58}$$

$$f(t_{max}) = 2At_{max} + B \tag{2.59}$$

其中，Y 是人均累计水泥消费量；$f(t)$ 是第 t 年人均水泥消费量；t_{max} 是达到峰值的年份；A、B、C 是拟合参数。

4）水泥消费量和钢铁消费量之间的关系

水泥和钢铁的消费量均和城市化率有直接的关联，预测结果的水泥和钢铁的消费量应在达峰时间和速率上保持一致。

5）饱和水平维持时间和随后的下降趋势

根据主要国家工业发展的经验，工业需求量在达到饱和点后将在一小段时间平稳增长，达到峰值后将逐渐下降。饱和阶段维持的时间和不同地区的经济增长情况相关。根据不同预测途径的预测结果采用层次分析法确定各预测方法在预测我国水泥熟料消费峰值时的权重，并最终加权得出水泥消费趋势预测结果。我国

水泥熟料消费峰值将在 2018~2020 年出现，峰值约为 16.2 亿吨。2013 年的熟料系数约为 56.4%，据此折算，峰值年水泥消费量约为 28.7 亿吨。根据发达国家的数据规律，2030~2040 年的需求量降为峰值的 65%左右。2040 年后我国已经基本完成工业化，水泥需求量为峰值水平的 55%左右。

2.8 基年校准和数据来源

基于模型的需求设定和技术设置，本书最后进行基年校准，主要包括以下几个方面：①各部门和次级子部门的能源总消耗和分品类能源消耗；②第三级子部门的能源总消耗和分品类能源消耗；③各主要单位终端需求的单位能耗；④二氧化碳排放；⑤各常规污染物排放。

首先，工业部门的各次级子部门的能源消耗情况根据 2010 年能源平衡表和工业统计年鉴的能源消耗统计得出，模型计算结果经过校准后，在表 2.13 中列出。工业部门中第三级子部门能源消耗的模型计算在基年和主要统计数据校准后，根据次级子部门分类总结。

表 2.13 基年工业部门的各次级子部门的能源消耗 单位：百万吨标准煤

部门	总计	煤	油	气	电	热
化工	229.23	93.86	47.60	28.00	38.65	21.12
非金属	228.38	162.96	26.95	7.92	30.09	0.45
有色金属	65.03	15.27	5.64	2.36	38.46	3.31
造纸	28.47	15.72	0.89	0.23	6.58	5.06
纺织	36.66	11.97	1.45	0.37	15.69	7.18
黑色金属	473.39	76.92	2.69	43.34	56.68	8.44
其他	498.14	116.30	119.58	33.59	161.85	27.13
工业总计	1 559.30	493.00	204.80	115.80	348.00	72.70

工业部门的数据来源主要包括：2006~2011 年《中国统计年鉴》[128~133]、2010~2013 年《中国工业统计年鉴》[134~137]、《中国钢铁统计 2011》[138]、《中国化学工业年鉴》[139~140]、《中国有色金属工业年鉴》[141~142]、《中国能源统计年鉴》[143~146]、主要工业部门生产线的技术参数文件，以及相关文献的计算和整理。

交通部门的技术设置在模式划分的基础上，根据车型、燃料类型和技术效率

（如燃油经济性和不同排放标准）分别进行设置。分燃料类型和运输模式的基年校准如表 2.14 所示。

表 2.14　交通部门分燃料类型和运输模式的主要能耗基年校准

燃料类型	2005 年	2010 年	2010 年（转换为百万吨标准煤）	模型基年数据
公路汽油/百万吨	46.08	67.6	99.47	99.2
公路柴油/百万吨	54.6	79.15	115.3	116.1
铁路柴油/百万吨	5.61	6.72	9.79	9.5
铁路电力/亿千瓦时	198.1	307	3.77	3.79
水路柴油/百万吨	5.02	7.75	11.29	11.2
水路燃料油/百万吨	7.08	14.7	21.42	21.9
航空煤油/百万吨	7.4	17.4	25.6	25.8

资料来源：王庆一《2011 能源数据》

交通部门的主要数据来源包括：《中国交通运输中长期发展战略研究》[147]；《中国车用能源展望 2012》[148]；《中国交通年鉴》[149~151]；《中国机动车污染防治年报》；2010~2013 年《中国能源统计年鉴》；以及基于主要文献的数据调研和计算。

建筑部门的技术按照建筑类型分为城镇住宅、农村住宅、一般公建和大型公建，其中基于主要的终端能源需求类型，按照采暖、制冷、照明、炊事热水和其他设备等进行技术划分，建筑部门的基年校准情况如表 2.15 所示。

表 2.15　建筑部门主要能耗基年校准　　　　　　单位：百万吨标准煤

能源需求类型	一般公建	大型公建	城镇住宅	农村住宅
采暖	5 141	855	10 971	5 412
制冷	1 490	480	516	130
照明	1 055	313	544	523
其他	1 073	149	787	361
炊事热水	1 363	250	4 267	2 296
合计	10 122	2 047	17 085	8 722

资料来源：《中国建筑节能年度发展研究报告 2011》[152]、《IPCC 第五次评估报告》第五章建筑行业评估，以及建筑节能相关文献数据总结和计算

电力生产部门的基年校准是指：建立在电力部门基年技术设置下，在各部门能源终端服务需求得到满足的情况下，驱动电力部门电力和热力的供给，在此基础上计算得出的电力部门的基年数据。主要需要校准的包括三个方面：①发电燃料消耗；②装机容量和发电技术构成；③二氧化碳排放，以上三方面数据的计算结果必须同中国 2010 年电力部门统计资料的实际结果具有一致性。

电力部门基年校准包括主要燃料消耗情况、装机容量和技术构成，如表 2.16 和表 2.17 所示。基年校准的主要污染物排放情况在第 4 章中列出。在火电机组中，燃煤机组占绝对的比例。2010 年，单机容量 6 000 千瓦以上的火电机组总装机容量达到 7.04 亿千瓦，发电量 34 086 亿千瓦时。其中，煤电的装机容量为 6.47 亿千瓦，占火电装机总量的 91.9%；煤电的发电量 32 163 亿千瓦时，约占 94.4%。

表 2.16 我国基年和主要年份发电技术构成

发电技术		2005 年	2006 年	2010 年
装机容量/吉瓦	总计	517	624	966
	水电	117	130	216
	火电	391	484	710
	核电	6.85	6.85	10.82
	风电	1.06	2.07	29.58
发电量/亿千瓦时	总计	24 975	28 499	42 278
	水电	3 964	4 148	6 867
	火电	20 437	23 741	34 166
	核电	531	548	747
	风电			494

资料来源：中国电力企业联合会统计信息部《2010 电力工业统计资料汇编》

表 2.17 基年能源燃料消耗校准　　　　单位：百万吨标准煤

燃料类型	热值转换因子	2005 年能源平衡表	2010 年能源平衡表	2010 年模型计算
煤炭	0.714 3 千克标准煤/千克	684	1 001	1 000
原油	1.428 6 千克标准煤/千克	30.24	6.25	6.22
气	1.330 0 千克标准煤/米^3	10.10	41.91	42.15

注：气基发电燃料消耗包含天然气、高炉煤气、转炉煤气和其他煤气等

电力部门参数的主要数据来源：2006~2014 年《中国能源统计年鉴》、

《能源技术展望：面向 2050 年的情景与战略》[153]、《中国电力年鉴》[154~155]、《21 世纪中国能源科技发展展望》、《电力监管年度报告 2010》、2010~2013 年《中国电力工业统计资料汇编》、《2010 年投产电力工程项目造价情况通报》和现有的关于电力生产的技术参数和经济性分析的文献等。

2.9 污染物排放模块

第五次 IPCC 评估报告显示，二氧化碳的排放和其他常规污染物的排放存在互相影响的关系。两种排放存在着一定的同源性，主要体现在燃料燃烧过程排放的同源性和非燃料燃烧过程排放的同源性。以水泥部门为例，在熟料制备过程中，来源于窑内燃料燃烧的气体排放除了二氧化碳之外，还同时存在二氧化硫、氮氧化物和颗粒物等污染物，基于工艺生产过程的排放中除了二氧化碳的排放，还有颗粒物等的排放。

自底向上模型的污染物排放方程为

$$\mathrm{ENV}_{t,e} = \sum_{p} \big[\mathrm{Econs}(t,e,p) \times \mathrm{INV}(t,p) + \mathrm{Ecap}(t,e,p) \\ \times \mathrm{CAP}(t,p) + \mathrm{Eact}(t,e,p) \times \sum_{s} \mathrm{ACT}(t,p,s)\big] \quad (2.60)$$

$$\mathrm{ENV}_{t,e} \leqslant \mathrm{ENV\_LIMIT}_{t,e} \quad (2.61)$$

其中，p 表示不同生产技术；Econs 表示同初始基础建设相关的排放系数；Ecap 表示同生产活动容量相关的排放系数；Eact 表示具体活动水平相关的排放系数。ENV_LIMIT 是总排放的上限数值，如果 s 为主要能源相关部门，则 ENV 为全国总排放；如果 s 为子部门，则 ENV 为全部的子部门隶属部门的总排放，如工业部门。

需要指出的是，本书的研究基于不同工艺技术的排放因子，相较于其他自底向上的能源模型，本书加入了基于工艺技术的污染物排放模块，且在大量文献调研和总结的基础上，设定基于技术的各主要污染物的排放因子。主要研究的部门包括电力部门和其他终端服务需求部门，如工业部门、建筑部门和交通部门等。因此本书中的 Eact(t,e,p) 代表基于工艺生产技术的排放，而非基于活动水平的排放，修正后的公式为

$$\mathrm{Eact}(t,e,p) = \mathrm{EF}_{e,t} f_y \sum_{p} C_{p,t}(1-\eta_{p,t}) \quad (2.62)$$

其中，EF 是常规污染物基于不同工艺技术的污染物产生系数；C 是不同的末端控制设备在该技术中的应用比例；f_y 特别使用在颗粒物排放中，表示粒径范围为 y

的颗粒物所占比例，如果非颗粒物排放则取值为 1；η 是污染物排放控制技术对污染物的去除率。

本书的第 3 章将从常规污染物排放的历史、现状和主要影响出发，分部门确定主要能源服务技术的排放因子。电力部门的研究对象主要为二氧化硫和氮氧化物的排放；颗粒物的排放主要考虑生产过程的直接排放，即一次排放颗粒物，对于其他形态污染物经过化学转化生成的二次颗粒，基于其复杂的物理化学性征，本书暂不予考虑。交通部门主要考虑颗粒物排放、一氧化碳排放和氮氧化物排放因子，二氧化硫在交通部门的排放量较少。工业部门的排放较为复杂，除了基于燃料燃烧的工业锅炉和工业炉窑内燃烧之外，还包括非燃烧过程的工艺过程排放。本书对工业部门的各主要子部门基于工艺流程确定排放因子，对钢铁部门、水泥部门、玻璃和造纸、合成氨等主要高耗能产品，从污染物产生的机理出发，通过历史排放和主要生产技术的研究确定不同活动水平下的排放因子。

2.10　协同效益估算模块

协同效益的范畴广泛，包括能源安全、人类健康和空气质量等多方面的影响，涉及社会学、医学和环境科学等多学科的交叉，定量化的研究更是较为复杂。本书的定量化研究立足于能源系统分析，基于第 3 章的常规污染物分析模块，从污染物排放量变化的角度研究碳减排的协同效益，并在排放总量控制的前提下，寻找二氧化碳和常规污染物的协同控制方案。第 3 章常规污染物模块对排放因子的设置是基于技术的，因此本书的协同效益的研究是基于技术层面的污染物排放量测算。基于能源模型进行分析，不包含进一步考虑污染物的大气扩散环境模型和健康评估模型等。

此外，为了将协同效益进一步货币化，本书基于欧盟的 ExternE 项目的研究引入了简化的环境损害货币化评价方程，采用简化的计算模型来评估健康效益，具体方程和计算方法在第 6 章中论述。

2.11　本 章 小 结

本章主要从方法论的角度介绍了 China-MAPLE 模型的构建目的和模型构架，模型的主要假设和主要变量，模型的核心模块，等等。并主要描述了模型的能源模块的主要参数。包括模型的主要社会经济参数假设，资源供给曲线的建立，主要终端服务需求部门的需求预测，能源转换部门的主要技术参数及经济参数选取，以及基年校准和主要参数主要来源。本模型的污染物控制模块及能源与环境的链接方法及其主要参数设置情况将在第 3 章中论述。

第 3 章　基于技术的能源环境连接

随着我国城市化进程的加快和工业化的推进，除了温室气体排放的增加，大气污染物排放的加剧更是直接地影响着人们的生产和生活。近年来在全国各地出现的雾霾天气，尤其是京津冀地区雾霾的频发，引起了呼吸道疾病发病率的急速攀升。大气污染已经成为影响人类健康的主要环境危害因素之一。

考虑到常规大气污染物的排放和二氧化碳的排放存在一定的同源性，本书在传统能源系统优化框架的基础上对污染物排放及控制进行了细化和扩展。与大多数模型采取的基于能源消费或活动水平的概括化连接方式不同，本书依托文献分析引入了细化的基于技术的多污染物排放系数，更细致地刻画了能源消费、温室气体排放和污染物排放同根同源的特点。在本章中，3.1 节首先分析了气候综合政策评估中的协同效益；3.2 节中分国别研究分析了协同控制研究的重要性；3.3 节回顾了大气污染物的排放历史和现状，阐述了其对人类健康的影响；3.4 节基于各部门的技术，给出了主要常规污染物在模型中排放系数的设定；3.5 节分析了模型中主要末端处理技术的设定和末端控制效果；3.6 节在相关问题讨论的基础上给出了本章结论。

3.1　气候政策综合评估中的协同效益

气候变化仅是社会在 21 世纪面临的众多挑战之一。其他的挑战还包括：提供清洁、可靠、世界上贫穷国家可负担得起的能源服务；保持稳定和丰富的就业机会；减少空气污染和对健康的损害，以及对能源和农业用水的影响；缓解能源安全问题；最大限度地减少能源驱动的土地使用需求和生物多样性的丧失；维持粮食供应的安全性；等等。这些多重的政策目标存在着相互作用和反馈效应，且都是实现可持续发展必须面临的挑战。

因此，气候减缓的相关政策和措施，应该放在多目标的框架内进行评估，实现温室气体减排和其他目标的一致，并且最大限度地发挥政策的协同作用。虽然

IPCC评估报告及其他科学文献清楚地指出了各项减缓气候变化的政策和措施存在着多方面协同效益，但是非气候方面的协同效益仍然很少受到关注，量化的研究更是少之又少[156~170]。

3.1.1 局地污染物和温室气体

温室气体和局地污染物的排放具有较高的同源性，如发电厂、工厂的烟囱和汽车尾气排放等。因此，减少化石燃料的使用不仅会减少温室气体的排放，通常还会降低二氧化硫、氮氧化物、颗粒物等其他有害的局地污染物。而这些污染物会分别或共同地对人类健康和生态系统造成影响，影响程度和空气扩散、人群暴露情况相关，其中直径较小的颗粒物 $PM_{2.5}$ 造成的健康影响较为显著。因此，减排常规污染物是温室气体减排政策的重要的协同效益部分。

在 2010 年之前对空气污染的协同减排效果的研究集中在单个的国家和地区，主要方法上的差异包括选取不同的污染物或者不同的重点行业作为研究对象，或者是研究各地不同的空气污染治理的政策[171~188]。研究气候减缓政策带来的空气质量影响的协同效益，是评估温室气体减排政策的重要方面，如 West 等[42]的研究结果表明全球平均的由于局地污染物减少带来的货币化协同效益为 55~420 美元/吨 CO_2，东亚等地区的协同效益数值甚至远远超过2030年的边际减排成本。

近五年主要研究机构的进一步研究证明，在2100 年实现 340×10^{-6}~530×10^{-6} 二氧化碳当量目标的政策在各方面所显示的效益中最显著和最主要的是空气质量的改善。LIMITS 模型（Jewell 等[189, 190]、Tavoni 和 Socolow[191]、Tavoni 和 Tol[192]）着重研究了气候减缓政策对能源安全带来的影响，IPCC 第五次评估报告第三工作组报告分析了气候减缓政策对常规污染物排放的影响。根据全球能源分析的情景设定，如果要分别达到 LIMITS 和 IPCC 第五次评估报告设定的能源安全和空气质量的协同效益，分别应付出 w 和 x 的政策成本[193~196]。此外，为了进行对比，同时给出达到 430×10^{-6}~530×10^{-6} 二氧化碳当量目标的减缓政策成本 y，以及协同控制实现各项目标的政策成本 z。

首先，协同控制各项目标实现的成本要低于分别控制和实现各项目标的政策成本，即 $w+x+y>z$。因此，考虑协同效益的协同控制成本要低于单独控制的政策成本。其次，和其他协同效益相比，空气质量的改善是最为显著的，单独达成同等的减排效益付出的空气质量控制政策成本也是最高的。因此，研究气候减缓政策对于空气质量影响的协同效益，对于全面衡量减缓政策的效果具有重要意义。

研究局地污染物的额外效益对温室气体减排政策的评估具有重要意义。Rose 等[197~199]发现，限制局地污染物排放的政策可能不再受气候政策的制约因素，反而会在一定程度上受益于气候政策和相关节能政策。例如，在中国，执行和全球气候减缓在 2100 年实现 3.7 瓦特/米^2 的目标一致的减缓行动下，二氧化硫的排放在 2030 年将降低 15%~55%，在 2050 年降低 40%~85%。

从全球角度来看，Rafaj 等[200, 201]计算出严格的减排努力将同时使 2030 年的二氧化硫、氮氧化物、$PM_{2.5}$ 的排放相对于基准情景分别降低 40%、30%和 5%。Riahi 等[202, 203]通过进一步分析发现，全方位的能源效率提高可以为世界上最贫穷的区域或国家缓解近期的空气污染。该计算下的协同效益更高，分别为 2030 年二氧化硫减排 50%、氮氧化物减排 35%、$PM_{2.5}$ 减排 30%。此外，Rao[204]发现减缓政策的推行将显著降低提高空气质量的相关政策成本。Riahi 等[202, 203]进一步估计了在严格的减排努力下，到 2030 年全球范围内可以减少伤残损失生命年（DALYs）10 多万，相比基准情景减少了约 1/3。这些共同利益的绝大多数累积在发展中国家的城市家庭。同样，West 等[205~207]研究发现，参考 RCP4.5 全球减缓情景，相对于基准情景，颗粒物、汞和臭氧的浓度得到有效降低，在 2030 年、2050 年和 2100 年可分别避免（0.5±0.2）×10^6、（1.3±0.5）×10^6 和（2.2±0.8）×10^6 的过早死亡。对于汞的排放，Rafaj 等[200, 201]的研究表明，在采用减缓行动的假设下，2050 年大气的人为汞排放相比不采取碳减排措施的基准情景降低了 45%。

3.1.2 其他协同效益

除了在环境和健康方面的协同效益之外，气候减缓行动在能源安全、劳动就业、水资源使用等方面都存在协同效益的影响。

1）能源安全

一些研究分析了减缓行动和能源安全之间的关系。关于能源安全的评估主要涉及两个方面，一是能源供应需满足国家能源需求，并有着有竞争力且稳定的能源供给价格。二是能源对外依存度、能源系统的应变能力等指标。

相关研究表明，气候减缓政策可能会增加国家的能源自给率和弹性。减排政策将同时有效减少许多国家的进口依赖，从而使国家和区域的能源系统不易受到价格波动和供应中断的影响[208~212]。Jewell 等[189, 190]研究发现，在严格的减排情景下，全球能源交易将比基准情景有所下降，在 2050 年将下降 10%~70%，2100 年将下降 40%~74%。减缓行动促使可再生能源的使用不断增加，传统能源如国内煤炭的比例降低，导致大部分的区域进口依赖度降低，这一效果在 2030 年之后尤为显著[213]。国际能源署[214~217]的研究发现，较快的节能技术进步可以协助全球每天减少 1 300 万桶的石油消耗。因此减缓行动可以降低资源的稀缺性，缓解未来的能源价格波动。

此外，研究还表明，气候减缓行动可能会协助增加能源系统的弹性。交通运输和电力部门能源使用多样性的上升将改善化石能源为主导地位的能源结构[218~220]，使能源系统更好地抵御各类冲击和压力。

2）劳动就业

有研究表明，气候减缓行动对增加就业者收入和其他附加效益方面存在积极的影响。其中，减缓气候变化的节能技术的应用，一方面在资本约束的前提下，为当地创造了新的就业机会，同时对平衡贸易收支有正影响；另一方面可以帮助当地劳动力提高其技能和适应能力[221~224]。

3）水资源使用

可再生能源技术，如太阳能光伏、风电相对于化石能源将减少淡水抽取和热降温。但同时，CCS（carbon capture and storage，碳捕获与封存）和某些形式的可再生能源，特别是生物能源，又会带来显著的用水需求。综合起来的协同效益的正负取决于当地的情况。

减缓行动中充分考虑相对经济性系统动力学和相对经济性综合建模方案，并充分考虑水分利用效率的措施，可能会使全球用水需求在未来的几十年显著减少。PBL[225]的研究报告表明，减缓行动将使 2050 年用水总需求减少 25%，换算到区域上，严重缺水地区的人数将下降 8%。Hanasaki 等[226]的研究和 Hejazi 等[227]的研究计算出由于气候减缓带来的水资源需求降低的协同效益大致在一个范围内，即在 2050 年可能降低 1.0%~3.9% 或 1.2%~5.5%。

综上所述，气候减缓行动的外部性收益具有多重性，包括能源安全、空气质量和居民健康、就业、水资源等多个方面。其中，空气质量和居民健康的外部性效益表现最为明显，也最为重要。

3.2 从国别研究看协同控制的重要性

协同效益在 IPCC 等发布的主要全球报告和国别层面上的研究得到了各国能源相关研究者的关注和认可，本节从主要的全球研究报告，以及在发达国家和发展中国家的研究实践展开补充论述。

3.2.1 主要全球报告对协同效益和协同控制的研究

IPCC 第三次评估报告中明确指出应对气候变化带来的明显的效益体现在空气质量、能源安全、社会就业等其他非气候变化领域相关的协同效益。并且在第四次评估报告与第五次评估报告中对该结论进行了进一步加强。

OECD经济学家Bollen等[228]在工作报告中指出气候变化的减缓政策会在减少二氧化碳排放的同时对局地污染物的排放产生影响。例如，交通部门的燃料替代政策，会在减少二氧化碳排放的同时，减少道路交通的氮氧化物和颗粒物的排放。对于该部分局地污染物排放的减少可以视为温室气体减排政策的推行所带来的协同效益。同样局地污染物的控制政策也会对温室气体排放产生一定程度的影响，在此基础上，考虑温室气体减排和局地污染物控制的"一揽子"政策，即推行协同控制的相关政策，将对整个能源系统的改进产生积极的推进作用。

世界卫生组织（World Health Organization，WHO）于2011年发布了一系列关于绿色经济下的健康协同效益研究报告。其中关于绿色交通的协同效益报告中指出[229]，常年来健康的协同效益在气候减缓行动中被忽略，而相当一部分减排措施会带来外部的协同效益，实现地球环境和人类健康的双赢。报告对IPCC第三工作组报告中提出的节能减排措施进行评估，如燃料替代和车辆新技术的推广，这类措施不仅能降低温室气体的排放，也能降低疾病发病率和死亡率，同时从社会福利的角度来看也是成本有效的。此外，土地的合理利用、主动的绿色出行和减少机动车出行对维护健康权益的公平性、保护弱势群体的健康等有积极意义。

截至2014年，本地和区域大气污染导致的健康损害的减少是温室气体减排带来的最大协同效益。根据世界卫生组织全球疾病负担数值，2010年，中国的$PM_{2.5}$暴露损害预计占GDP的9%以上，印度超过5%，美国超过3%。在中国，每吨CO_2排放量的损害达到近70美元，印度为50美元，欧盟国家平均约为200美元。这些数字与美国政府2010年碳社会成本的预估值32美元/吨CO_2相比，大多数排放大国的本地大气污染协同效益大于CO_2减排成本。因此，考虑协同效益将大大增强国家或地区对温室气体减排的动机。

国际货币基金组织（International Monetary Fund，IMF）在2014年发布的报告中对各国碳定价的研究考虑了协同效益的重要影响[230]。报告选取了排名前二十的温室气体排放国家，研究碳定价在考虑本地协同效益的情况下对本地影响的贡献。平均来说，57.5美元/吨CO_2的碳定价对这些国家是成本有效的，考虑了协同效益的碳定价，可以协助这些国家降低约13.5%的二氧化碳排放。

世界自然基金会、欧洲气候行动网络（Climate Action Network Europe，CAN-E）和健康与环境联盟（Health and Environment Alliance，HEAL）联合发布了在2℃温升的大背景下，协同效益对于欧盟温室气体减排重要作用的研究[231]。研究表明，如果欧盟国家将2020年减排目标从20%提高到30%，那么从控制非温室气体（细颗粒、氮氧化物和二氧化硫）带来的健康相关的协同效益预计可以达到平均每年65亿~250亿欧元。该计算基于生命和健康的损失核算居民福利损失、工作效率损失和医疗服务的成本提高等。除了环境和健康的协同效益，报告还提到了其他的协同效益，如农林面积的增加、生物多样性和水供给的保障等。

3.2.2 协同效益和协同控制在发达国家的研究实践

近年来，协同效益和协同控制作为新兴的热门研究主题，开始引起广泛的关注。尤其在2010年之后国内的相关研究逐渐增多。以往的研究对象多数是欧美发达国家，研究主要针对电力部门和交通部门[232~239]。

EPA在2015年5月份发布了由EPA主要开发和构建的协同效益风险的情景分析模型（co-benefits risk assessment screening model，COBRA模型）。该模型主要用于分析气候变化政策和局地污染物排放控制措施对居民健康、经济发展和社会福利的影响。该模型通过分析相关节能政策和新能源推广政策除了节能减排之外带来的协同效益，来重新评估相关政策成本和效果，进而提高该地区政策制定和推行的积极性。COBRA模型作为研究工具，最近几年来多次应用于北美地区的协同效益研究。美国能源部（US Department of Energy，DOE）对节能的协同效益也十分关注，分别在协同效益评估模型的模拟下对推广地热技术[232]和加装风电新能源设备[233]进行了环境效益的评估。美国能效经济委员会（American Council for an Energy-Efficient Economy，ACEEE）基于EPA的模型分析能源效率的提高对于经济发展和环境污染的作用，分别从能源节约、经济发展、提高就业和减少局地环境污染等方面分析能效提高的效果和协同效益[234]。

哈佛大学开展了关于电力部门的协同效益研究[235]，主要研究结果在2015年6月的 *Nature Climate Change* 发表。该研究对电力部门设定碳标准进行了能源、环境和经济多方面的效益分析，以局地污染物 SO_2，NO_X、Hg 和 $PM_{2.5}$ 为研究对象，分别从设立电力部门的碳排放标准对环境影响的协同效益和对居民健康的协同效益两部分对附加的协同效益进行了研究，并通过情景分析了EPA发布的清洁电力能源计划的预期效果和协同效益。

West等[236]基于全球大气扩散模型模拟了全球温室气体减排对空气质量和人类健康的影响，分别从碳减排同时带来的常规污染物减排和碳减排带来的环境健康影响两方面进行研究。研究预测在2030年、2050年和2100年全球由于温室气体减排带来的死亡人数减少量分别为（0.5±0.2）×10^6人、（1.3±0.5）×10^6人和（2.2±0.8）×10^6人。全球平均边际协同效益为50~380美元/吨 CO_2，超出了原先的估计，并且高于2030~2050年的边际减排成本，落在2100年边际减排成本的低值区间内。其中，2030年东亚地区的协同效益将达到该地区平均边际成本的30

倍。因此，本地的短期和长期的协同效益，是实现向低碳未来过度的强大额外动力。

2014年，一项来自美国EPA、日本环境厅、斯德哥尔摩环境研究所（Stockholm Environment Institute，SEI）、国际应用系统分析研究所、亚洲技术研发中心和孟加拉农林部等多个国家和机构的联合研究[237]表明，协同效益在多领域和地区均存在并且较显著，对于政策的研究和制定也应该从多视角的协同控制入手，这不仅对多项目标达成有显著的效果，并且在多个国家均证实存在政策的成本优势。因此，控制二氧化碳排放和局地污染物排放也应从协同控制的视角制定综合政策，以达到能源、环境和经济的综合优化效果。

Alfsen等选取了西欧九个国家评估多重的外部利益。该研究考虑了满足赫尔辛基议定书规定的由碳税和能源税带来的减排成本，主要研究对象是二氧化碳、氮氧化物和二氧化硫的排放。对于其他有害污染物，如来自交通的微粒或噪声的附加效益等，未在该文中讨论。Lutz[181]等通过对二氧化碳税模拟的分析，采用计量经济学模型对德国排放相关常规污染物的附加影响进行了研究，指出了CO_2调控政策对空气质量的显著影响，以及能源替代技术有空气质量改善的协同效益。

2011年斯德哥尔摩环境研究所和温室气体管理研究院也指出气候减缓政策的初衷是温室气体的减排，但同样也存在协同效益，该部分效益并未重复计算入内。同样，清洁发展机制也一样既存在减排的主要效益，也存在附加的经济效益[238]。

关于英国温室气体减排的协同效益，Jensen等[239]基于单一国家动态递归可计算一般均衡模型对协同效益在温室气体减排战略的宏观经济评估中的重要性进行了研究。研究采用了零净成本阈值的保守成本效益的方法，主要关注当地空气污染状况和健康的外部效益。研究表明，英国的清洁汽车推广等城市交通战略有显著的健康协同效益，并且足以覆盖政策成本；在居民节能战略考虑了新技术推广后的协同效益的情况下，政策成本也可以基本得到补偿。研究建议英国政策制定者以实现温室气体减排和考虑协同效益的长远利益为共同目标和出发点，从而促进外部性的内部化。

Barker等[160, 161]通过衡量碳税和能源税在英国交通中的作用，提到一直被忽略的空气污染减少的收益，该部分收益虽然比例较低，但仍不可忽视。此外，Krupnick等[178]的研究提出，除了污染物减排的效益之外，技术替代所带来的附加效益也是之前气候政策所忽略的。研究中分析了气候政策对当地和区域空气的物理影响和技术替代的影响。

van Vuurenetal等构建了E3ME模型对西欧19个国家和区域展开研究，分析了在《京都议定书》的执行下的欧洲协同效益，研究发现，《京都议定书》的执行中产生的空气污染物的降低有效协助缓解了二氧化碳减排的系统成本和相关压力。在适当的碳税情景下，由于气候减缓政策带来的附加协同效益经估算平均约占计算年 GDP 的 0.11%，在由于气候减缓政策为 GDP 带来的贡献中占 15%~35%。

Burtraw 和 Toman[163, 164]通过建立美国电力模型来分析碳税情景下的附加协同效益。研究发现，在单位碳税设置在 25 美元的水平时，附加效益根据评估可以达到 12~14 美元每单位碳排放，随着碳税设置的提高，附加效益会在基本维持该水平的情况下略微提高。Burtraw 和 Toman 基于人口和地理的特点分析了美国和欧洲之间的附加效益的差异。除了人口地理的特点，美国和欧洲的附加效益评估之间的差异可能是由于其他的一些因素，如欧洲偏向于对环境影响的高估[163, 164]。Scheraga 等从能源税的角度分析二氧化碳排放同时对控制空气污染的附加效益。该分析采用了考虑美国经济跨期的一般均衡模型，侧重于多种污染物的减排对健康的影响。

此外，在其他工业化国家也有相关的研究显示协同效益对减缓行动的积极意义。例如，Kim 等对韩国附加效益的研究，侧重于二氧化硫和颗粒物的影响评估。

3.2.3 协同效益和协同控制在发展中国家的研究实践

2010 年以来，关注发展中国家的研究逐渐增多[61~68, 74~79]，这是由于减缓行动在一个区域现行政策效率较低且环境政策没有全面推行的情况下，协同效益会更加显著，相关研究更多是关于中国的研究。例如，Aunan 等[68]对中国山西的煤炭行业进行了二氧化碳减排和环境健康协同效益的评估，分析行业减缓行动的经济成本。关于中国的研究在第 1.4.2 节中有详尽的论述，如对北京交通部门污染物减排协同效益的分析；对执行二氧化硫排放税的局限性的分析；基于 LEAP 模型分析发现气候减缓相关的政策对于降低污染物排放是有效的；以及笔者在 *Applied Energy* 发表的对水泥部门节能减排技术的协同效益的分析[68~74]。

除了中国，以其他发展中国家为研究对象的附加效益研究也逐渐增多。例如，Dessus 和 O'Connor 基于 CGE 模型研究了智利的温室气体减缓控制政策的附加效益[174]，以印度为研究对象，从城市居民健康的角度分析附加效益[166]；Aunan 等通过自底向上模型和自顶向下模型的分析，论证了在刚果共和国同样存在着气候减缓政策带来的局地污染物减排的附加效益；Sagar 等研究了贫穷国家二氧化碳减排带来的环境和社会的附加效益；O'Connor 等的研究总结了附加效益在发展中国家的进展[185]。

2014年刚果可持续发展中心、印度政策研究中心和法国环境与发展研究中心通过研究协同效益肯定了其在决策支持的框架内的作用[240]。研究指出了以往多数研究对协同效益在政策制定中重要作用的忽略,并提出气候减缓行动相关政策的制定应该在考虑多重外部影响的框架下进行。该研究分析了近年来对协同效益进行评估的研究,提出三类主要的分析方法,并建议更多地开展关于评估协同效益的系统性研究及简化评估的研究,温室气体排放政策的制定应放在多目标、多影响评估的框架下综合考虑。

印度的一项关于2030年电力部门的干预研究表明[166],80%的CO_2减排的净成本可能为负值。研究对比了广泛的气候减缓情景与基准情景,测量了大气污染死亡数的差异。对于2℃的目标升温,分析2010年每吨CO_2减排量的大气污染死亡数及2030年的模拟结果,可以发现CO_2减排的健康协同效益可能是巨大的,保守预估高收入国家为100美元/吨CO_2减排量,中等收入国家为50美元/吨CO_2减排量。因此,开展发展中国家的气候减缓行动的协同效益相关研究有重要的政策意义。

3.3 大气污染物排放历史和现状

大气污染排放的污染源主要来自人类活动,既包括生产活动,同时也包括生活活动。主要的表现形式分为两类,固定污染源(如居民和工业烟囱以及工业生产的排气管道等)和流动污染源(主要交通工具运行的排放)。除此之外,也有来自自然过程的排放,如火山活动和山林火灾等自然现象导致的排放,本书主要研究由人类活动引起的大气污染物的排放。具体地,本书研究的大气污染的主要来源主要分为三类,即工业生产污染、居民生活污染及交通运输源污染。

其中,工业生产污染是大气污染的主要来源(表3.1~表3.2,图3.1)。这部分的污染主要包含:①燃料的燃烧,主要是化石燃料燃烧会产生大量的常规污染物排放。例如,煤炭燃烧过程会产生和排放烟尘和二氧化硫,而石油的燃烧过程中除了二氧化硫的排放,还存在着一氧化碳的排放。此外,虽然在农业生产过程中也会产生少量的粉尘排放,但这部分非能源相关排放,不在本书研究范围内。②基于技术的生产过程排放。主要考虑工业生产的过程排放,如在水泥制造、钢材冶炼和其他化工产品生产过程中的排放。这部分的排放依赖于不同的生产技术的效率水平和排放系数,因此很有必要在模型研究中细致体现。

表 3.1 2005~2010 年全国废气中主要污染物排放量　　　　单位：万吨

年份	二氧化硫			烟尘			工业粉尘	氮氧化物		
	合计	工业	生活	合计	工业	生活		合计	工业	生活
2005	2 548	2 167	381	1 184	949	235	911	—	—	—
2006	2 587	2 236	351	1 087	863	224	807	1 523	1 135	388
2007	2 469	2 141	328	987	770	217	698	1 642	1 261	381
2008	2 322	1 991	331	901	671	230	585	1 624	1 251	373
2009	2 216	1 867	349	847	605	242	527	1 694	1 285	409
2010	2 185	1 864	321	829	604	225	449	1 853	1 467	386
增长率	−14.2%	−14.0%	−15.7%	−30.0%	−36.4%	−4.3%	−50.7%	21.7%	29.3%	−0.5%

注：我国环保部门从 2006 年开始统计氮氧化物排放量，生活排放量中含交通源的氮氧化物排放

表 3.2 重点行业二氧化硫污染贡献率年际变化

行业	2005 年	2006 年	2007 年	2008 年	2009 年	2010 年
电力行业	58.8%	59.0%	58.1%	57.9%	55.1%	52.9%
黑色金属冶炼业	7.2%	7.3%	8.2%	8.7%	10.1%	10.3%
非金属矿物制品业	9.1%	9.2%	9.3%	9.2%	9.4%	9.8%
总计	75.1%	75.5%	75.6%	75.8%	74.6%	73%

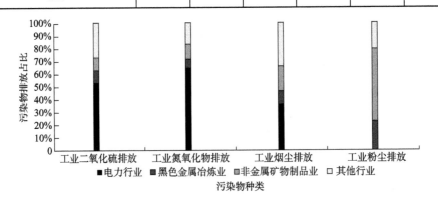

图 3.1　各行业常规污染物排放分布图

居民生活污染的主要来源是，为满足居民部门的锅炉采暖和炊事热水等终端服务，所耗用的化石燃料燃烧产生的烟尘和二氧化硫等有害气体。这部分排放除了直接与不同燃料相关外，也和不同终端设备的燃烧效率和排放比例相关，如在不完全燃烧的情况下，污染物排放的种类和排放量都会产生变化。

交通运输源污染的主要污染物有一氧化碳、碳氢化合物、氮氧化物及部分颗粒物。不难发现，交通运输污染物排放在种类上是区别于生产和生活排放的。此外，由于交通部门的小型且分散的流动源特性，在末端直接控制上较少体现，主要依赖于燃油经济性的提高和排放标准的升级等国家层面的调整，但流动源的污染物排放更容易被人类接触并吸收，因此更容易造成直接和大量的人类健康危害。

基于以上分类，本书选取颗粒物、NO_X 和 SO_2 作为主要研究对象。分别对各部门有所侧重地选择主要污染物排放因子（能源相关和技术相关）和关键末端处理技术。颗粒物选择 $PM_{2.5}$ 进行研究。2010 年，我国二氧化硫、氮氧化物和烟尘的排放量分别为 2 185.1 万吨、1 852.4 万吨和 829.1 万吨。其中，工业及能源生产相关的污染物排放占比分别为 85.7%、79.1%和 73.1%[241]。

3.4 污染物排放系数

我国现有的污染物排放系数大多基于行业下的各类产品总产出或能源部门的各种化石能源消耗，基本都可以由统计数据或者总排放量推测得出。而本书不局限于化石燃料排放源的活动水平，进一步细化到各行业的技术层面，并针对不同技术分布和终端脱除技术的设备分别设置。本书根据大量行业调研和文献总结，给出基于各行业技术的污染物排放系数，建立了基于细化技术的污染物排放系数数据库。

基于不同技术的污染物的排放量计算公式为

$$E_{j,y,z} = \sum_{k,m} A_{j,k,m,z} \text{ef}_{j,k,m,z} \tag{3.1}$$

$$\text{ef}_{y,z} = \text{EF}_y f_y \sum_n C_{n,z}\left(1-\eta_{n,y}\right) \tag{3.2}$$

其中，A 表示污染物排放源的活动水平，如果排放基于燃料类型，则为燃料消耗；如果排放基于单位产品，则为产品产量。ef 表示排放因子；j 表示各行业或部门；m 表示不同的技术类型；n 表示污染物排放控制设备或技术的类型；k 表示燃料或产品的类型；y 表示不同的污染物；EF 表示常规污染物的污染物产生系数；f 表示不同粒径大小的颗粒物所占的比例，如果不是颗粒物的排放则该项取值为 1；C 表示不同的控制设备在该技术中的应用比例；η 表示污染物控制技术对相关污染物的去除率。

3.4.1 钢铁部门

黑色金属的冶炼主要包含炼焦、烧结、球团生产、高炉炼铁和炼钢等环节，图 3.2 中列出了钢铁生产主要工艺流程中的主要废气污染物排放。本章研究的钢铁生产流程为框线以内的基于能源的工艺生产技术。在钢铁行业，主要选取二氧化硫、氮氧化物和颗粒物的排放作为该行业常规污染物的研究对象。钢铁工业是大气污染物排放的重要排放源，在全行业[242]和钢铁行业"十二五"规划中[243]对钢铁的 SO_2 排放总量提出了严格的要求，2015 年的 SO_2 排放需要比 2010 年下降约 27%。

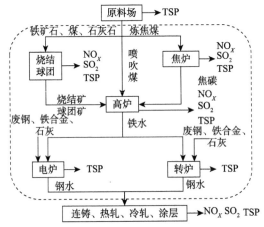

图 3.2 钢铁生产全流程的常规污染物排放示意图
TSP: total suspended particulate，总悬浮颗粒物

表 3.3 为主要工艺流程的吨钢排放。国内的吨钢产品排放因子基于钢铁行业的国内文献调研[244~247]，如高继贤等[245]的烟气净化技术对钢铁工业常规污染物排放的影响研究，以及主要钢铁工业统计资料的汇总统计和计算。欧盟平均水平数据则来自于对欧盟炼钢炼铁行业技术数据的归纳和总结[246, 247]。

表 3.3 主要工艺流程的吨钢排放　　　　　　单位：千克/吨产品

污染物	烧结		炼铁		炼钢	
	国内	欧盟	国内	欧盟	国内	欧盟
SO_2	0.25~0.38	0.22~0.97	0.01~0.025	0.009~0.34	0.004~0.013	0.004~0.013
NO_x	0.30~0.62	0.31~1.03	0.14~0.24	0.001~0.17	0.032~0.081	0.008~0.061
TSP	0.12~0.34	0.07~0.85	0.15~0.32	0.005~0.020	0.121~0.194	0.014~0.140

在上述污染排放因子基础上，本章进一步在不同生产技术层面研究确定了

多种常规污染物的排放因子,作为污染物控制模块的输入。首先,对于二氧化硫、氮氧化物和烟粉尘总体的排放系数,根据大量的生产线相关技术文献和钢铁行业污染普查报告的结果,分流程和技术在表3.4~表3.6中给出。

表3.4 钢铁行业基于烧结流程和球团流程的排放因子

技术产品	烧结矿			球团矿
污染物	带式烧结法 (千克/吨烧结矿)			带式焙烧 (千克/吨球团矿)
	大型(≥180平方米)	中型(50~180平方米)	小型(<50平方米)	所有规模
SO_2直排	0.6~7.5	0.65~7.95	0.7~8.5	0.35~7
NO_X直排	0.51~0.55	0.56~0.64	0.58~0.67	0.5
烟尘	8.19	12.55	18.62	6.27
工业粉尘直排	16.65	19.2	23.6	2.65

资料来源:文献[95~103,244~254]

表3.5 钢铁行业基于高炉铸铁流程的排放因子 单位:千克/吨生铁

污染物	大型(≥2 000立方米)	中型(350~2 000立方米)	小型(<350立方米)
SO_2直排	0.109	0.131	0.168
NO_X直排	0.15	0.17	0.192
烟尘直排	25.1	33.7	35.4
工业粉尘直排	12.5	15.3	17.1

资料来源:文献[244,252]

表3.6 钢铁行业基于炼钢流程的排放因子 单位:千克/吨粗钢

技术产品	碳钢			合金钢	
	转炉			电炉	
污染物	大型(≥150吨)	中型(50~150吨)	小型(<50吨)	中型(≥50吨)	小型(<350立方米)
工业粉尘直排	27.8	34.2	30.5	23.7	27.9

资料来源:文献[244,252,255,256]

其中,二氧化硫的产生量主要取决于原料中铁矿的含硫量。钢铁部门的铁矿供给主要包含四个含硫量阶梯,进口铁矿(含硫量低于0.01%)的排放系数取SO_2排放区间下限低值,国内低硫铁矿(含硫量0.1%)的排放系数取SO_2排放区间下限低值的3倍,国内中硫铁矿(含硫量0.25%)的排放系数取SO_2排放区间下限低值的6倍,国内高硫铁矿(含硫量高于0.5%)的排放系数取SO_2排放区间上限高值[248]。

关于钢铁、水泥等典型行业的TSP排放因子的研究,多数研究只给出了经过除尘措施处理后的排放因子,而没有给出污染物产生系数。Schöpp 等[257]基于对主要发达国家的排放因子的研究和对比,在 RAINS-PM 模型中确定了 TSP 的产污系数和不同的粒径分布。本书结合 RAINS-PM 模型的主要颗粒物的粒径分布系数,并参考雷宇[258]的研究获得了钢铁工业颗粒物的污染物产生系数,在表 3.7 中列出。

表 3.7 钢铁工业颗粒物产生系数和控制措施产生参数

工艺名称	无控制措施			控制措施			
	TSP/ (千克/吨)	$PM_{2.5}$/ (千克/吨)	PM_{10}/ (千克/吨)	布袋除尘	电除尘	湿法除尘	机械除尘
烧结	38.7	2.52	32.9	10%	65%	20%	5%
炼铁	52	5.27	43.6		100%	100%	
平炉	23	13.8	3.9	60%	40%		
转炉	20.9	10.4	6.3				
电炉	14	6	5.9	10%	30%	60%	

资料来源:文献[257,258]

3.4.2 非金属(水泥、石灰、砖瓦、玻璃等)

水泥行业是中国最主要的耗能部门之一,水泥行业伴随着大量的空气污染物排放,其生产过程中排放的大量颗粒物使其成为最大的地方颗粒物排放源。此外,水泥行业还会排放大量的氮氧化物,2010 年排放量达到 170 万吨,并在"十一五"期间一直保持平均 11% 的高增长率。

水泥生产过程主要包括熟料的制备和水泥的粉磨两段流程。在水泥熟料制备中,新型干法是目前最主要的窑型,主要常规污染物排放包括 SO_2、NO_X、CO 和工业粉尘。水泥研磨环节的主要排放物则是工业粉尘。在本节中,主要列出水泥行业基于生产工艺流程的常规污染物排放系数,见表 3.8。

表 3.8 基于技术的水泥工业排放因子　　　　单位:千克/吨产品

污染物	新型干法熟料			立窑熟料	水泥研磨
	大型 (≥4 500 吨/天)	中型 (2 000~4 500 吨/天)	小型 (<2 000 吨/天)	所有规模	所有规模
SO_2 直排	0.28	0.31	0.35	1.1	
NO_X 直排	1.584	1.75	1.746	0.243	
CO 排放	3.1	3.3	3.6	28.2	
烟尘	148	147.7	258	31.7	
工业粉尘直排	51	57	124	31.6	17.7~22.8

资料来源:文献[251~270]

水泥行业的新技术同常规污染物减排相关的主要包括新型干法生产线中的富氧燃烧技术、低氮燃烧技术等，还包括原料及燃料替代、水泥研磨技术及现有技术的效率的提高等。水泥生产新技术的排放系数如表 3.9 所示。

表 3.9　水泥工业新技术排放因子　　　　单位：千克/吨产品

污染物	新型干法			水泥研磨
	大型（≥6 000 吨/天）	含富氧燃烧技术的生产线	含低氮燃烧技术的生产线	粉磨装置改进
SO_2 直排	0.23	0.26	0.35	
NO_X 直排	1.42	1.55	1.18	
工业粉尘直排	46	45	57	12.4~18.7

资料来源：文献[258, 260, 262]

水泥工业的颗粒物排放因子进一步细分到不同粒径的细粒排放因子，不同生产过程的粒径分布如表 3.10 所示。雷宇等[259]的研究表明排放源所排放的不同粒径颗粒物在除尘过程中的去除比例不同，进而影响到综合的除尘效率。如果废气排放中的细小颗粒污染物所占的比例较高，则相应地除尘效率会偏低。

表 3.10　水泥工业颗粒物排放的粒径比例

工艺名称	>PM_{10}	$PM_{2.5\sim10}$	<$PM_{2.5}$
新型干法	58%	24%	18%
立窑	62%	17%	21%
水泥研磨	71%	10%	19%

资料来源：文献[258, 259]

3.4.3　工业锅炉

工业锅炉主要提供工业生产工艺所需的蒸汽和热力，以及提供民用部门的热水等服务。在 2010 年，工业锅炉的能源消耗和常规污染物的排放都仅低于电站锅炉。其中，燃煤锅炉的燃煤消耗量更是高于工业行业的平均水平，并且比钢铁生产和水泥建材等典型高耗能行业还要高。

对于锅炉的大气污染排放控制，国家予以高度的重视。其中，国务院发布的《大气污染防治行动计划》的第一条第一项就是关于对燃煤锅炉的综合治理。此外，新修订的锅炉的排放标准（GB13271　2014）更是一致公认的"史上最严"的锅炉大气的常规污染物排放标准。根据最新的标准，新建的工业锅炉从 2014 年 7 月开始执行，10 吨/小时以上在用的蒸汽锅炉和 7 兆瓦以上在用的热水锅炉自 2015 年 10 月起执行，10 吨/小时及以下在用的蒸汽锅炉和 7 兆瓦及以下在用的热水锅炉自 2016 年 7 月开始执行[271]。在新标准实施之后，我国每年的大气污染物中二氧化硫的排放约减少 314 万吨，颗粒物排放约减少 66 万吨。

在工业锅炉中，85%以上为燃煤锅炉，且年耗煤量大，效率较低。2012 年我国煤基的工业锅炉的累计排放 SO_2 达到 570 万吨，NO_X 排放达到 200 万吨，且工业烟尘排放达到 410 万吨，分别占全国总排放量的 26%、15%和 32%。燃煤锅炉对局地的空气污染贡献非常大，尤其是在北方城市，燃煤锅炉更是主要的污染来源，并且被认为是造成北方雾霾天气的主要因素之一。

对于工业锅炉，尤其是燃煤工业锅炉污染物排放的研究，一部分是从分析燃煤工业锅炉的常规污染物产生情况、对应的排放因子及其影响因素出发，提出进一步减少排放的措施等[272~275]。另一部分是从研究控制技术出发，研究和分析污染物排放的痕迹元素排放，探究主要的痕迹元素分布情况，并在此基础上确立排放因子。例如，姚芝茂等[276]从主要污染物的产生和形成机理出发，研究表明燃料的类型、生产过程中的燃料处理技术和锅炉的排放控制技术是影响锅炉污染物排放的最重要因素，而导热介质和锅炉容量对其的影响很小。关于工业锅炉的颗粒物排放情况，清华大学的李超等[277]和华中科技大学的韩军等[278]通过对主要痕量元素的排放因子进行测试，探究了其同末端处理设备的关系。基于总结现有的国内研究情况和主要工业锅炉试点的排放报告，本书中选取的燃煤工业锅炉和其他燃料工业锅炉的排放因子在表 3.11 和表 3.12 中列出。

表 3.11　燃煤工业锅炉排放因子　　　　　　　　　单位：千克/吨

污染物	煤粉炉	抛煤基炉	循环流化床	层燃炉
SO_2 直排	17	16	15	16
NO_X 直排	4.72	3.11	2.7	2.94
烟尘	8.93	3.84	5.19	1.25

资料来源：文献[271~280]

表 3.12　燃气、燃油及生物质工业锅炉排放因子　　　　　单位：千克/吨

污染物	天然气	液化石油气	煤气	轻油	重油	生物质
工艺名称	室燃炉	室燃炉	室燃炉	室燃炉	室燃炉	层燃炉
SO_2 直排	0.02	0.02	0.02	19	19	17
NO_X 直排	18.71	59.61	8.6	3.67	3.6	1.02
烟尘				0.26	3.28	37.6

资料来源：文献[281]

3.4.4 其他主要工业部门

本书涉及的工业产品主要分为黑色金属冶炼、非金属制品生产、化工类产品生产、有色金属炼制和纺织类产品及其他工业产品生产。从终端产品上进一步细化技术分类，非金属制品除了最重要的水泥生产外还包括玻璃、石灰和砖瓦及造纸等产品，化工类产品包含合成氨、化肥、乙烯、烧碱和纯碱等。有色金属生产包括铜、铝、锌和铅等产品的炼制。在污染物控制模块中，也基于以上主要工业产品的思路，分别对各终端产品生产的现有技术和新技术进行了各主要大气常规污染物的产污系数和进行末端处理后的排放系数的确定，并作为该模块的主要输入参数。

本节仅列举几个典型工业产品，如玻璃的生产和有色金属生产中的铝制品冶炼。化工制品如合成氨污染物排放主要为废水的排放和氨氮的治理，因此不在本节中列出。首先玻璃的生产主要是平板玻璃产品的生产，主要采用浮法玻璃生产工艺，根据日容量大小分为三个规模等级[282~285]。基于玻璃产品工艺流程的污染物直接产生系数在表 3.13 中列出。

表 3.13　平板玻璃生产排放系数　　　单位：千克/吨

污染物	浮法			压延/平拉	
	日熔量≥600 吨	日熔量 400~600 吨	日熔量<400 吨	日熔量≥100 吨	日熔量<100 吨
SO_2 直排	5.613	7.37	8.64	8.28	9.39
NO_X 直排	4.37	5.81	6.05	6.59	6.61
烟尘	0.63	0.64	0.69	0.75	0.914
工业粉尘直排	2.64	2.71	2.71	3.5	3.5

资料来源：文献[282~285]

电解铝的生产主要采用熔盐电解法，根据不同的槽型等级产生的废气污染物主要为氟化物、少量工业粉尘和更少量的二氧化硫。氟化物排放不在本书的研究范围之内，因此在本模块中主要关注氧化铝产品的大气污染物排放。

氧化铝生产在本书中主要设置三类生产工艺，分别为联合法、烧结法和拜尔法，又进一步细分为熟料窑和氢氧化铝焙烧炉。氧化铝生产的主要大气污染物是二氧化硫和工业粉尘。氧化铝厂的含 H_2S 废气，经过燃烧炉燃烧将其转化成 SO_2，其转化率接近 100%[286]。由于氧化铝生产处于一个碱性的大环境中，生产过程产生大量的废碱液，如赤泥洗涤过程中产生含碱量较高的赤泥附液，为废碱液吸收净化酸性废气提供了一条可行的途径。二氧化硫的排放根据具体生产技术不同有不同的排放系数[286, 287]，表 3.14 中列出了不同初始原料的系数范围。

表 3.14　氧化铝生产排放系数　　　　　　　　单位：千克/吨

污染物	联合法		烧结法		拜耳法
	熟料窑	氢氧化铝焙烧炉	熟料窑	氢氧化铝焙烧炉	氢氧化铝焙烧炉
SO_2 直排	0.2~0.75	0.8~2.1	0.4~2.1	0.81~2.3	0.81~2.3
工业粉尘产污系数	235	235	500	500	51
静电除尘后的排放系数	1.36	1.36	2.2	2.2	0.135

3.4.5　电力部门

在2014年，国家发展和改革委员会、环境保护部（现为生态环境部）和国家能源局共同制定和发布了《煤电节能减排升级与改造行动计划（2014-2020年）》。在该计划中，火力发电机组的污染物排放有着极为严格的标准和限值。东部地区11省市的新建燃煤发电机组的大气污染物排放需要基本达到燃气轮机组排放限值，即烟尘、二氧化硫、氮氧化物排放浓度分别要低于10毫克/米³、35毫克/米³、50毫克/米³。中部地区8省的新建机组原则上需要接近或达到燃气轮机组排放限值，同时鼓励西部地区新建机组的排放限值接近或达到燃气轮机组的限值。此外，表3.15总结整理了"十二五"期间的相关环保规划和电力部门规划中对污染物控制的各类指标。

表 3.15　电力部门污染物控制指标

分类	指标内容	"十二五"末期	指标层级
二氧化硫	电力 SO_2 年排放总量/万吨	800	国家环保规划
	单位火电量电力 SO_2 排放量/（克/千瓦时）	1.8	电力规划
	烟气脱硫机组比例	接近100%	电力规划
氮氧化物	电力 NO_X 排放总量/万吨	低于800	环保规划
	燃煤电厂脱硝机组比例	50%	电力规划
烟尘	电力烟尘年排放总量/万吨	310	环保规划
	单位火电量电力烟尘排放量/（克/千瓦时）	0.68	电力规划

燃煤火力发电机组是电力部门最重要的污染物排放来源，本节研究主要针对我国的燃煤电厂的排放。总体的排放量公式为

$$E_i = \sum_m E_{i,m} = \sum_m A_m \times \text{ef}_{i,m} \times (1 - \eta_{i,m}) \tag{3.3}$$

其中，$E_{i,m}$ 代表机组 m 的污染物 i 的排放量；$\text{ef}_{i,m}$ 代表机组 m 相应的污染物 i 的产生系数；A_m 代表机组 m 在计算年的煤耗量；$\eta_{i,m}$ 代表机组 m 的污染物控制技术对

相应污染物 i 的减排效率。

燃煤发电机组的大气污染物排放因子受到锅炉类型、燃烧方式、燃煤品质、安装的污染物控制措施等多种因素影响[288]。在我国较早时期的研究工作中，多是采取统一的排放因子假设，很少对这些因素进行综合考虑。在近期的研究中，电力部门的排放清单得到了改进。例如，充分考虑煤粉炉和层燃炉燃烧气氛和燃烧器技术的不同对污染物排放因子的影响，并且根据机组容量估计燃烧方式，并通过采用的颗粒物控制措施，较准确估计主要的颗粒物排放因子等[289~292]。本节基于燃煤发电机组的锅炉类型和燃烧方式等技术层面，通过文献调研的结果，基于机组容量和锅炉燃烧方式细化估计燃煤电厂的污染物排放因子。其中，燃煤发电机组锅炉中硫转化为 SO_2 的效率相对固定，约为 85%，因此 SO_2 的产生系数取决于机组燃煤的硫份 Cs，其计算公式为

$$\text{ef}_m = 0.86 \times (64/32) \times \text{Cs}_m \tag{3.4}$$

在确定机组所用原煤的硫份时，基于环境统计中的硫份数据，在全国的层面上对我国各地区的原煤硫份进行评估，并结合电力统计资料中各燃煤锅炉的燃煤原料的使用情况，对不同硫份的平均比例进行估算。对于没有安装脱硫装置的机组，则 SO_2 的直接产生系数即为其排放因子。表 3.16 和表 3.17 分别给出了燃煤电厂和燃气燃油电厂的污染物排放系数。

表 3.16 燃煤电厂污染物排放系数　　　　　　　单位：千克/吨

污染物	大型粉煤灰锅炉	中型粉煤灰锅炉	小型粉煤灰锅炉	循环流化床	超临界技术	超超临界技术
SO_2 直排	17.2	17.6~19	18~21.1	5.08~7.19	16~17.4	16~17.4
NO_X 直排	13.6~16.8；3.5~5.4（低氮燃烧）	14.7~18.9；4.1~7.8（低氮）	16.4~20.8；5.2~8.49（低氮）	8.7~17.9；4.1~7.9（低氮）	13.6~16.8；3.5~5.4（低氮）	13.6~16.8；3.5~5.4（低氮）
TSP 产污	190	200	200	190~250	190	190

表 3.17 燃气燃油电厂污染物排放系数　　　　　　　单位：千克/吨

| 污染物 | 天然气 | | | | 燃油 |
	大型天然气锅炉	中型天然气锅炉	小型天然气锅炉	NGCC	所有规模
SO_2 直排	4.21	4.35	4.35	4.21	4.56
NO_X 直排	6.56	6.77	6.77	6.56	6.79
TSP 产污	109	120	120	109	120

资料来源：文献[258~292]

不同火电发电设备的 TSP 产污系数、粒径分布及碳组分的含量差别很大。其中煤粉炉和流化床的 TSP 产污系数较高，但燃烧较为完全，排放的颗粒物中以煤炭中的灰分为主，细颗粒和碳组分比例较低。表 3.18 总结了国内一些燃煤锅炉产生颗粒物的粒径分布情况。

表 3.18 国内部分燃煤源排放颗粒物的粒径分布

典型技术	颗粒物不同粒径		
	>PM_{10}	$PM_{2.5\sim10}$	$PM_{2.5}$
600 兆瓦煤粉炉	0.82%	0.13%	0.05%
220 兆瓦煤粉炉	0.84%	0.15%	0.01%
50 兆瓦煤粉炉	0.65%	0.31%	0.04%
35 吨/小时循环流化床	0.67%	0.23%	0.10%
4 吨/小时层燃炉	0.82%	0.13%	0.05%

资料来源：根据文献[258，291，293]总结整理

3.4.6 交通部门（流动源）

交通部门的污染物排放可以看作流动源的排放，本书主要考虑其排放造成的一次污染。近 20 年来，我国的道路交通的污染物排放量呈逐渐上升的趋势[294]。机动车的污染物排放类型较广，其中较为主要的类型包括颗粒物、NO_X、CO、HC 等（表 3.19）。需要说明的是，在交通部门层面的研究上，本书分别设定以上几种污染物的排放因子，但本书对全经济部门研究的主要几种常见污染物排放为颗粒物、NO_X 和 SO_2，因此在全经济部门层面的研究时只考虑交通部门对应的这三种污染物的排放。其中排放量较大的颗粒物和 NO_X 的排放分担率在图 3.3 和图 3.4 中给出。

表 3.19 2007~2010 年中国机动车常规污染物排放　　　单位：万吨

污染物	2007 年	2008 年	2009 年	2010 年
NO_X	59	58	57	62
颗粒物	551	553	579	597
CO	3 949	3 952	4 018	4 078
HC	476	478	482	485

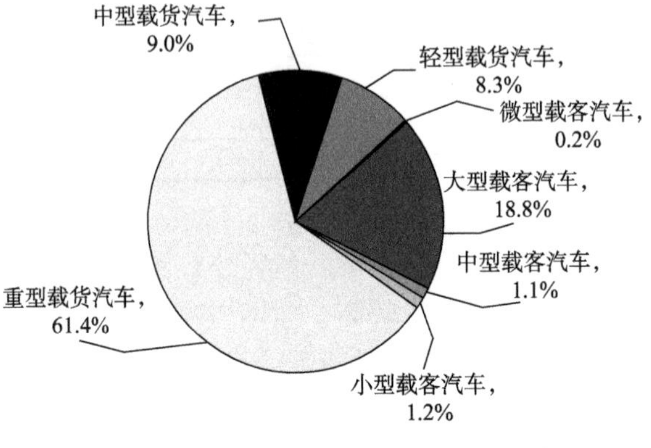

图 3.3 各类型汽车的颗粒物排放分担率

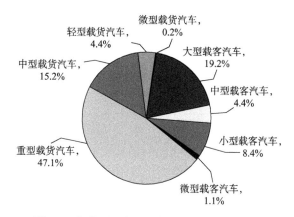

图 3.4 各类型汽车的氮氧化物排放量分担率

影响机动车污染物排放的几个重要因素有车型、平均的年行驶里程数、车辆的保有量和平均的排放因子。计算公式如式（3.5）和式（3.6）所示。其中各车型的保有量预测可由统计数据和模型计算输出，平均行驶里程也可以由统计数据得到，在本节中主要讨论另一重要指标，即机动车各车型所对应的排放因子，单位为克/千米。

$$\mathrm{EQ}_{pw} = \sum_{j=1}^{n} P_j \times M_j \times \mathrm{Ef}_{jw} \times 10^{-6} \tag{3.5}$$

$$\mathrm{EQ}_p = \sum_{w=1}^{n} \mathrm{EQ}_{pw} \tag{3.6}$$

其中，EQ_{pw} 代表机动车的第 w 种污染物的排放量；Ef 代表年化的平均排放因子；EQ_p 代表污染物的总排放量。j 是车辆的类型；P 是车辆的保有量；M 是计算年的平均行驶里程数。排放因子的确定非常复杂，需要充分考虑到机动车的类型、使用的年限、I/M 检测维修制度以及燃料的挥发性等因素[295]，目前国内外关于机动车单车排放因子的研究中，较为普遍使用的有 MOBILE6 模型[296]和 COPERT 模型[297]。

对于机动车 CO 和 NO_X 的排放因子确定，本节主要参考 MOBILE6[296]模式的计算方法和相关结果，而对于 PM 和 SO_2 的排放因子，本书则基于燃料消耗的计算方法，并根据相关研究进行合理化调整后确定[298]。本书的道路交通技术根据相关参数将车型根据 MOBILE 模型的分类方法合并分类。

表 3.20　CO 和 NO_X 单位里程平均排放因子　　单位：克/千米

污染物	摩托车	轿车	轻型汽油车	中型汽油车	重型汽油车	轻型柴油车	重型柴油车
NO_X	0.12	1.79	2.74	4.67	9.57	2.38	23
CO	15~20	48	43	73.8~95	86.6~120	2.6~8	5.67

续表

污染物		摩托车	轿车	轻型汽油车	中型汽油车	重型汽油车	轻型柴油车	重型柴油车
PM$_{2.5}$	欧 0	6	0.25	0.25	0.4	5.5	0.4	
	欧 I	4	0.17	0.16	0.25	2.2	0.25	
	欧 II	1.8	0.08	0.07	0.1	1.4	0.1	

资料来源：根据文献[258，295，298]总结整理

对于 PM 和 SO$_2$ 的排放因子基于燃料消耗法进行粗略估算（在燃烧化学平衡方程式的基础上建立燃料消耗和污染物排放的比例），不同排放标准的排放因子根据中国人为源颗粒物排放模型的计算和主要研究成果调整得到（表 3.21）。

表 3.21 单位燃料排放因子

类型	CO（克/千克）	PM$_{10}$（克/千克）	CO$_2$（吨/吨）
汽油	2	0.12	3.13
柴油	2.8	2	3.17

资料来源：根据文献[177，299]总结整理

3.5 污染物排放控制技术

由于本书选取的常规污染物研究对象主要为 SO$_2$、NO$_X$ 和颗粒物，本节主要从硫氮控制技术和除尘技术等主要末端处理技术及这些技术在不同部门的技术应用角度展开描述。

3.5.1 末端控制技术

主要的 SO$_2$ 控制技术包括基于物理方法脱硫的燃烧前脱硫、基于化学方法的燃烧中脱硫和基于末端脱除设备的燃烧后脱硫。物理法的脱硫只能脱除少量的无机硫份。燃烧中的脱硫，也就是化学法脱硫，如在流化床工艺中添加石灰石或采用炉内喷钙等方法，脱硫效果较好，并且在发达国家有着广泛的应用，但该类技术目前在我国的使用比例仍然较低[300~302]。我国最为广泛应用的脱硫控制技术是基于末端脱除设备的脱硫，根据不同设备的脱硫过程和生成产物的形态，进一步分为湿法脱硫、干法脱硫和半干法脱硫技术。

主要的 NO$_X$ 控制技术包括过程中控制和基于末端设备的脱硝技术。过程中控制技术以低氮燃烧技术为代表，具有较好的控制效果，但是要全面和有效地控制氮氧化物的排放，以达到规定的排放目标和标准，还需要充分采用燃烧后的烟气

脱硝技术。基于末端控制设备的脱硝技术也分为干法和湿法两类，湿法脱硝存在着投资成本较高和较难大规模推广等问题，因此我国较多地采用干法脱硝的技术，其中最典型的 SCR（selective catalytic reduction，选择性催化还原）技术有着较高的脱除率，可以达到 50%~95%[303~307]。

除尘技术中较为常用的是静电除尘技术和袋式除尘技术，由于我国一开始的环保要求不高，因此火电厂设备多是配备的静电除尘器，静电除尘从技术上将效率维持在 65%~97%[308]。但是随着该设备的长期使用，脱除效率将显著下降，并且进行相关维护也需要较高的运行费用，因此袋式除尘技术开始得到有利的推广[146~148]。除此之外，电厂和工业生产线也常采用机械除尘技术和湿法除尘等其他技术。四种常见除尘法的除尘效率在表 3.22 中列出。不同除尘方式在各部门的应用比例根据情景设置而变化，在情景设置章节中有具体论述。

表 3.22 主要除尘技术的除尘效率对比

除尘技术	去除效率			总效率的计算值
	>PM_{10}	$PM_{2.5~10}$	<$PM_{2.5}$	
布袋除尘	99.9%	99.6%	99.0%	>99.6%
电除尘	99.6%	98.3%	93.1%	97.0%~99.1%
湿法除尘	99.1%	90.0%	50.5%	87.55%~95.5%
机械式除尘	90.5%	70.8%	10.5%	72.5%~82.1%

资料来源：根据文献[258，308，309]等总结整理

3.5.2 主要末端处理技术的应用情况

本书对于末端处理技术在不同部门和不同工艺流程的设置不同，污染源控制技术分布对污染物排放有重要的影响。表 3.23 给出电力部门现有的主要火力发电技术的污染物排放种类和控制技术总结。

表 3.23 火电技术重要的污染物种类及控制技术

机组发电方式	发电技术	主要污染物种类	污染控制技术
燃煤发电	超超临界/超临界/亚临界	SO_2、NO_X 和粉尘	SCR、FDG 和静电除尘
	循环流化床	SO_2 和粉尘	SCR 和静电除尘
	IGCC	NO_X	酸气脱除
燃气发电	天然气锅炉	NO_X 和粉尘	SCR 和静电除尘
	NGCC	NO_X	酸气脱除
煤矸石发电	循环流化床	SO_2 和粉尘	FDG 和静电除尘
生物质发电	生物质直燃	SO_2、NO_X 和粉尘	SCR、FDG 和静电除尘
	生物质气化	NO_X 和粉尘	酸气脱除和静电除尘

注：FDG 为烟气脱硫，全称为 flue gas desulphurizaiton

对于主要控制技术在不同部门的分布，我们基于文献调研的结果给出基年的比例，在表 3.24 和表 3.25 中分别列出主要部门的颗粒物控制技术分布情况。

表 3.24　电力和热力部门的 TSP 除尘技术分布

分类	布袋除尘	电除尘	湿法除尘	机械除尘	无措施
电力煤粉炉		93%	7%		
电力层燃炉		5%	95%		
工业层燃炉			37%	61%	2%
民用层燃炉			23%	56%	21%

表 3.25　主要工业部门的除尘技术分布

分类	布袋除尘	电除尘	湿法除尘	机械除尘	无措施
水泥新型干法	41%	55%		4%	
水泥立窑	9%	35%	33%	13%	
玻璃	8%	74%	18%		
砖瓦			12%	46%	32%
石灰	7%	16%	34%	39%	4%
烧结	10%	64%	21%	5%	
炼铁高炉		100 串联	100 串联		
炼钢转炉	60%	40%			
炼钢电炉	10%	35%	55%		
铝		35%		45%	20%
氧化铝	68%	32%			
其他有色金属	60%	35%	5%		

但是末端处理技术的分布比例根据不同的情景设置会有所变动，表 3.24 和表 3.25 中列出的仅是基于现有研究的总结。在第 5 章的情景分析中，EPC 情景就对末端技术的应用比例根据规划目标进行了重新限制，并和参考情景进行对比，具体将在第 5 章中细致描述。

3.6　本章小结

本章介绍了环境污染控制模块的主要内容，以及 China-MAPLE 基于技术的能源环境链接方式。首先本章从气候减缓行动的最重要的环境外部性分析出发,紧接着从我国常规污染物排放的历史和现状,分析了主要污染物的产生情况及在不同部门的分布情况。3.4 节分部门基于技术确定了主要污染物的排放因子。在这一部分,我们基于主要的工业部门(包括钢铁部门、水泥部门、工业锅炉及其他典型工业部门如玻璃制造等)、电力部门和交通部门,分析了污染物在不同部门的产生机理和主要分布、污染物的历史排放、现在推行的主要部门污染物排放限值等。并基于生产工艺,在大量文献调研的基础上,确定不同部门建立于细化的生产技术或工艺的三种主要污染物(二氧化硫、氮氧化物和一次细颗粒物)产生系数。最后本章总结了主要的硫氮控制技术和除尘技术,和其在生产过程中的效率及应用情况等。本章依托文献分析,引入了基于能源技术的多污染物排放系数,细致刻画了能源消费、温室气体排放和污染物排放同根同源的特点。基于这种细致刻画,模型可以更详细地考察不同能源排放情景和末端处理情景的组合,为考察能源及二氧化碳减排政策与环境政策的协同作用提供更为全面细致的分析。

第4章 参考情景结果及分析

情景分析是模型分析中广泛应用的方法，其目的不在于对未来做出准确的预测，而是基于不同假设对研究对象未来可能的状态做出多种可选择的描述，以综合分析不同因素对未来发展的影响。本章对China-MAPLE模型参考情景下的能源消费、二氧化碳和常规污染物排放的路径进行分析。4.1节对模型的主要结果进行了研究，并对重点部门参考情景下能源结构和碳排放的路径进行了分析；4.2节将本模型的结果与主流模型的结果进行了对比，并利用因素分解的方法对影响碳排放的因素进行分解和分析。4.3节分析了参考情景下大气污染物排放的结果；4.4节绘制了主要年份的边际减排成本曲线；4.5节给出本章的结论。

4.1 参考情景的主要结果分析

4.1.1 终端能源需求

商品能源是指作为商品经流通领域，在国内或国际市场上正规买卖的能源，如煤炭、石油、天然气、水电和核电等。本书情景分析得出的终端能源消费考虑的是商品能源消费。非商品能源一般是农民自产自用的能源，如柴草、农作物秸秆、人畜粪便等就地利用的能源，这些能源多在农村居民部门采用。本书参考情景下的终端能源消费仅包括商品能源。

参考情景下，我国未来终端能源消费量将持续增长，2030年将达到约46亿吨标准煤，2050年达到51.1亿吨标准煤，分别是2010年的1.75倍和1.95倍。但总体来看，终端能源消费的增速放缓，2010~2020年年平均增速为4.42%，2020~2030年增速降低到1.30%，2030~2040年增速进一步放缓为0.55%，2040~2050年的平均年增速为0.51%。可见，在参考情景下我国终端能源消费增速将在2020年后明显放缓，并在2030年后进入平台期，年均增速维持在0.5%

左右。

如图4.1所示,从分部门的终端能源消费结构上来看,各部门终端能源消耗占比从高到低依次是工业、建筑、交通、农业。2030年工业能耗占比49%,建筑能耗占比为29%,交通总占比20%。从消费结构的变化上来看,工业终端能源消费虽然在2030年仍然占终端能源消耗的一半左右,但占比逐年降低,从2010年的65%降低到2030年的49%,在2050年降低到总终端能源消费的40%。而交通和建筑部门的占比则逐渐上升,从2010年的11%及22%分别增加到2030年的20%和29%,2050年则进一步增加到23%和35%。而农业部门终端能耗的占比则基本维持在2%。

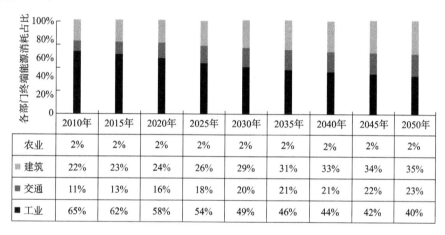

图4.1 各部门终端能源消耗比例的变化

我国工业终端能耗降低的主要原因是工业部门的结构调整,以及工业技术效率的提高,此外电热使用比例的提高也在一定程度上替代了煤炭的使用,使工业的终端能耗转移到了电力生产环节。建筑部门和交通部门的终端服务需求不断攀高,拉动着终端能耗比例持续增长。

从终端能源消费的商品能源构成上来看,煤炭的终端消费比例逐年下降,从2010年的约53%下降到2030年的38%,2050年降至约28%。而终端服务用电持续增长,电力占总终端能源消费的比例从2010年的16%增加到2030年的21%,2050年进一步增长到28%。电力需求的持续增长对我国的电力供应能力和电网建设提出了更高的要求。由于交通能源占终端能源消费比重的增加,油品占终端能源的比重也从2010年的20%增加到2030年的28%,2050年增至31%。天然气在终端能源中的比例略有增加,而热力占终端能源的比重则维持在7%~8%(图4.2)。

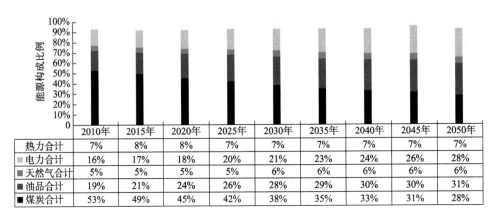

图 4.2 终端能源消费的商品能源构成

4.1.2 工业部门能源需求

我国工业部门的终端能源需求总量从 2010 年的 16.9 亿吨标准煤稳步增长，在 2020 年达到峰值，总量约 23.1 亿吨标准煤，之后缓慢下降，在 2030 年终端能源总需求约 22.1 亿吨标准煤，2050 年进一步降低到 21.1 亿吨标准煤。工业部门终端能耗的变化趋势和我国的工业化进程是一致的，中国社会科学院工业经济研究所相关研究表明[310]，中国目前处在快速工业化阶段，最晚在 2025~2030 年我国将逐步完成工业化，主要高耗能工业的能源消耗迅速降低，促使工业部门总能源消费逐步降低。

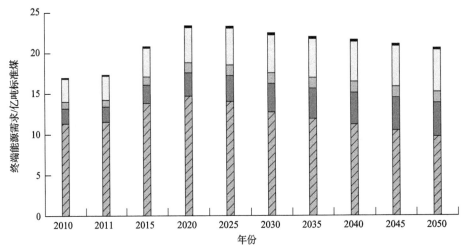

图 4.3 工业部门的终端能源消费结构

如图 4.3 所示，从燃料消费构成上看，我国工业部门的煤炭消费量将在 2020 年达峰后逐渐下降，2030 年煤炭终端能源消费约 12.7 亿吨标准煤，比 2010 年高出 1.4 亿吨标准煤，2050 年终端能源消费约 9.7 亿吨标准煤，煤炭占总终端能源消费的比例在 2030 年约为 57%，2050 年继续下降至 47%。油品的终端能源消费逐年增加，从 2010 年的 1.9 亿吨标准煤，占总终端能耗的 11%，增至 2030 年的 3.5 亿吨标准煤，占比提高到 16%，2050 年终端能源消费量进一步增加到 4.15 亿吨标准煤，所占比例也增加到 20%。天然气的终端能源消费逐年增加，增速略低于油品，从 2010 年的 0.81 亿吨标准煤，占总终端能耗的 5%，增至 2030 年的 1.3 亿吨标准煤，占比提高到 6%，2050 年终端能源消费量约 1.3 亿吨标准煤，占比 6%。热力消费占比始终在 1%~2%，相比之下，电力消费增速明显，终端消费从 2010 年的 2.8 亿吨标准煤，占比仅 17%，迅速增至 2030 年的 4.6 亿吨标准煤，在终端能耗中的占比提高到 21%，2050 年进一步增长至 5.14 亿吨标准煤，所占比例提高到 25%。其中，电力消费的增长在 2030 年之前年平均增速达到 2.5%，高于工业部门终端消费 2030 年的平均增速（1.4%）。

在基准情景下，工业部门钢铁行业和水泥行业的占比最高，在 2010 年约占工业部门总终端能源消耗的 70%。随着钢铁和水泥行业的需求达峰，以及能效的提高和能源结构的改善，工业部门中钢铁行业和水泥行业的终端能耗占比逐渐降低，下降到 2020 年后的 60% 以下；同时，有色金属、化工部门和其他制造业占比逐渐增加，到 2050 年合计占比在 30% 以上。

1）钢铁部门

钢铁部门是工业部门中 2010 年终端消耗最高的部门，终端能源消费为 4.51 亿吨标准煤，占基年工业终端能耗的 33%。但在参考情景下，由于基础设施建设和城镇化进程的逐步放缓，钢铁消费在 2020 年左右即可达峰，钢铁行业的终端能源消耗也将随之在 2020 年达峰。根据模型预测，达峰时钢铁行业的终端能耗约 5.98 亿吨标准煤。2020 年之后，随着钢铁消费的进一步降低，钢铁部门的能耗也持续降低，在 2030 年降低到 4.74 亿吨标准煤，2050 年约为 2.75 亿吨标准煤（图 4.4）。

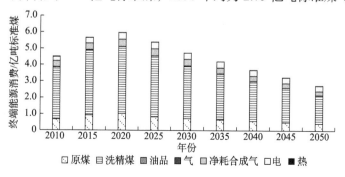

图 4.4 钢铁部门终端能源消费情况

随着钢铁部门能耗总量的降低，钢铁部门的单位产品能耗也持续改进。2010年我国吨钢能耗605.6千克标准煤/吨钢，比2004年的705千克标准煤/吨钢产品已经大幅度降低，但是仍然高于发达国家水平[311]。模型结果显示，2015年我国的吨钢能耗将达到587.1千克标准煤/吨钢，基本达到"十二五"规划中吨钢能耗较2010年降低4.1%的目标。我国钢铁工业不同工序间能耗差别较大，主要能耗集中在炼铁环节。例如，2010年全国炼铁工艺系统占钢铁全流程总能耗的65%左右，其中炼铁工艺环节占能耗约45%，焦化工艺环节占比约15%，烧结和球团环节占比约5.5%，而在炼钢环节转炉和电炉占比仅为5.3%。我国转炉工序的转炉普遍炉容偏小，导致转炉煤气回收率偏低，能耗水平远高于国际先进水平，差距约36.41千克标准煤/吨产品，我国钢铁工业的节能潜力和空间仍然较大。根据模型的计算结果，钢铁生产的产品单耗预测在表4.1中给出。其中2030年钢铁单耗将降至478.4千克标准煤/吨钢，2050年单耗降至331.1千克标准煤/吨钢。单位产品能耗下降的主要原因除各工艺流程设备大型化等技术进步因素外，电炉钢占比也不断增加，从2010年的9.8%增加到2030年的26.7%和2050年的40.1%。

表 4.1 钢铁生产的产品单耗预测   单位：千克标准煤/吨钢

年份	2010	2015	2020	2025	2030	2035	2040	2045	2050
产品单耗	605.6	587.1	574.7	554.8	478.4	453.4	389.1	354.0	331.1

2）非金属部门

我国非金属部门主要产品的生产，如水泥、砖瓦、玻璃和石灰的生产和居民建筑及公共建筑需求密切相关，随着新建建筑面积的增速降低，相关产品需求的增速变缓，由于技术进步和能效提高，水泥及建筑辅材产品的能耗在参考情景下在2020年达到峰值，并随后逐年降低。由于其能耗占比在非金属部门偏低，总体能耗将在2020年达到3.67亿吨标准煤，此后逐年降低。从能源消费构成上来看，煤炭仍然是最主要的能源消耗，在2020年达到峰值2.46亿吨标准煤后大幅度降低，2030年降至1.86亿吨标准煤，2050约1.61亿吨标准煤。油品的消耗逐年降低，从2010年的0.3亿吨标准煤降到2030年的0.25亿吨标准煤，2050年降至0.21亿吨标准煤。天然气的消耗在计算年内基本持平，为0.07亿~0.13亿吨标准煤。电力需求在2020年最高，约0.66亿吨标准煤，随后保持在0.58亿~0.62亿吨标准煤的水平，见图4.5。

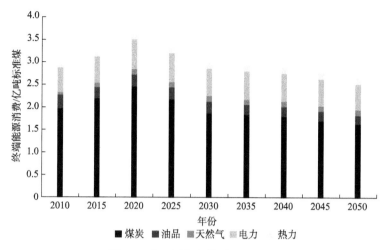

图 4.5 非金属部门终端能源消费

从主要终端消费产品类型来看，建材产品水泥所占比例在非金属总能耗一半左右（图 4.6）。水泥生产的能耗在 2020 年达峰后迅速降低，到 2030 年降低的速率趋于平缓。这和我国城市化水平和工业化水平的预测直接对应，在 2030 年实现全面工业化之后，水泥的需求量和能耗进入逐渐降低的阶段。另外，随着水泥生产技术的提高，水泥单耗迅速降低，水泥熟料单耗从 2010 年的 115 千克标准煤/吨熟料降至 2020 年的 105 千克标准煤/吨熟料和 2030 年的 97 千克标准煤/吨熟料。

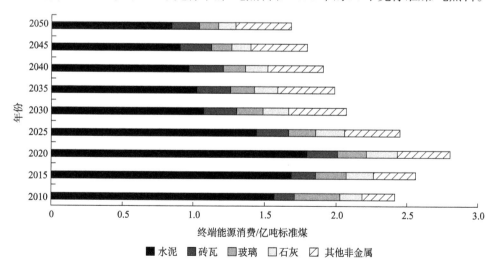

图 4.6 非金属部门各产品部门终端能源消费结构

水泥熟料单耗的迅速降低和技术结构的优化有直接关系，如图 4.7 所示。水泥熟料的生产技术在 2020 年之前完成从旧式立窑到新型干法生产线的转型，并且日产大于 4 500 吨熟料的新型干法生产线占比从 2010 年开始超过 60%。包含余热发电的新型干法技术在 2030 年所占比例达到最高，超过 90%，随后包含富氧燃烧的新型干法生产线的比例开始逐步提高，在 2040 年的技术比例中超过一半。总的来说，水泥部门熟料生产环节的新型干法生产线迅速发展极大地促进了生产结构的改善及行业技术效率的提高，进而促使水泥行业的单耗不断降低。

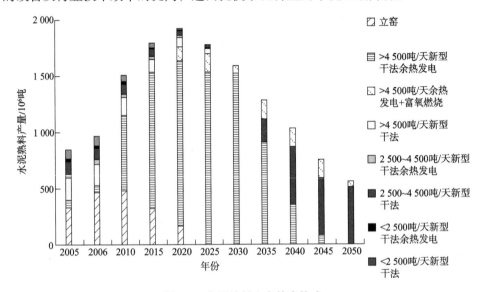

图 4.7　水泥熟料生产技术构成

3）化工部门

化工部门的总终端能耗呈逐年增长趋势，2030 年增长到 5.2 亿吨标准煤，约是 2010 年的 1.7 倍，随后增速放缓，到 2050 年总终端能源消耗约 5.54 亿吨标准煤，是 2010 年的 1.8 倍（图 4.8）。化工部门的主要能源消耗集中在油品，2030 年终端油品消费从 2010 年的 1.26 亿吨标准煤增长到 2.66 亿吨标准煤，占总能耗的比例从 41%增长到 51%，2050 年油品消费进一步增长到 3.14 亿吨标准煤，占比增加到 57%。煤炭的消费总量在 2020 年达到最高，约 1.22 亿吨标准煤，但所占比例从 2020 年开始逐年下降，2020 年约 26%，2030 年降至 22%，2050 年降至 18%。天然气消耗的总量和比例均呈逐年上升趋势，2030 年天然气消耗约 0.63 亿吨标准煤，占比从 2010 年的 9%上升到 12%，2050 年天然气消耗 0.74 亿吨标准煤，占比增加到 13%。电耗在 2020 年最高，约 0.74 亿吨标准煤，占比 16%，随后逐年降低，2050 年电耗总量降至 0.64 亿吨标准煤，占比降低到 12%。

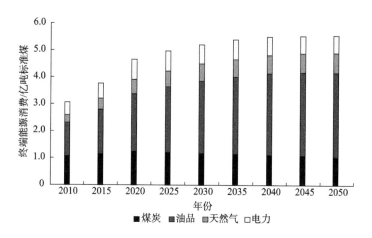

图 4.8 化工部门终端能源消费

从终端产品构成上来看，化工部门包含的产品类型较多，这里分析占比相对较大的合成氨、乙烯和烧碱、纯碱生产（图4.9）。合成氨生产的能耗基本维持在 0.7 亿~0.8 亿吨标准煤，占总终端能耗的比例逐年降低，从 2010 年的 27% 降至 2030 年的 15%，进一步降低到 2050 年的 13%。由于我国工业仍处于快速发展阶段，乙烯及衍生制品的下游产业汽车、包装和建材的需求持续增长，我国仍然是乙烯消费大国，2010 年产量比 2009 年增长 31.7%，达到约 1 420 万吨。在参考情景下，乙烯生产的能耗和占比持续增加，从 2010 年的 0.63 亿吨标准煤，占比 22%，迅速增长到 2030 年的 1.4 亿吨标准煤，占比增加到 28%。随着高能效乙烯裂解装置推广比例持续增长和新技术（甲醇制烯烃等）的引入，乙烯原料逐步轻质化，综合能耗控制在平稳增长的范围内，2050 年乙烯生产能耗 1.7 亿吨标准煤，比例增加到 31.9%。

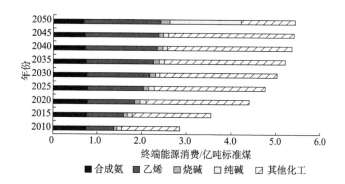

图 4.9 化工部门主要产品终端能源消费结构

4）有色金属部门

有色金属部门主要包括电解铝和氧化铝的生产、铜冶炼和锌铅的生产。有色金属部门能耗 2020 年达峰，约 1.974 9 亿吨标准煤，之后逐步降低。电力是主要的终端能源需求，是有色金属冶炼部门的特色，在模型计算期占比为 55%~76%（图 4.10）。

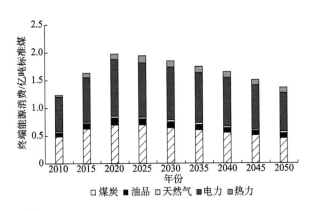

图 4.10　有色金属部门终端能源消费

如图 4.11 所示，氧化铝和铝的能耗在有色金属冶炼中约占 70%。铜和锌铅分别占比 20%和 10%。一方面，我国电解铝工业迅猛发展，存在较严重的产能过剩；另一方面，受电解铝工业发展的拉动，氧化铝生产不能满足电解铝产业的需求，供应缺口大，同时促使了氧化铝价格的快速增长，这直接导致了氧化铝生产的增速加大。模型中氧化铝生产工艺主要考虑烧结法、拜耳法和混联法。在我国，烧结法的能耗最高，大约是拜尔法的 2.85 倍，是混联法的 1.34 倍。而我国主要的铝土矿是高铝低铁的硬铝石，大多数只能采用烧结法，部分采用混联法，导致了我国氧化铝行业能耗偏高，单耗约为国外先进水平的 3 倍。

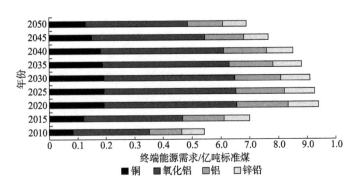

图 4.11　主要有色金属产品部门终端能源消费结构

4.1.3 交通部门能源需求

我国交通部门的终端能源需求在总需求中的占比从2010年的11%增长到2030年的20%和2050年的23%。在参考情景下，我国交通能源消费总量持续上升，2030年终端能源消耗约8.83亿吨标准煤，是2010年的3.07倍；2050年终端能源消耗约10.84亿吨标准煤，是2010年的3.77倍。其中，2010~2030年的年均增速达到5.76%，2030年之后增速放缓至1.03%（图4.12）。

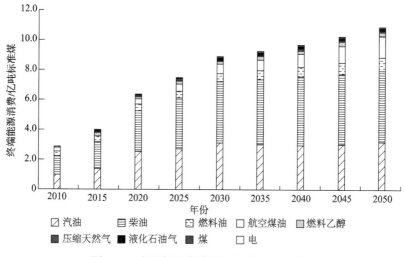

图4.12 交通部门终端能源消费总量和结构

从燃料总消费结构上来看，交通部门的主要燃料消费来自油品，其中汽油和柴油的消耗在2010年占能源总消耗的79%，到2050年占比降为73%。随着燃油经济性的提高，总能耗的增速逐渐放缓，压缩天然气、液化石油气和燃料乙醇的能耗比例在2030年增加到5.1%，2050年约占比5.6%。总体来看，成品油的消耗仍然是未来交通部门能源消费的主要构成部分，这对我国未来油品能源供应提出了更高的要求。

从客货运能耗占比来看，客运和货运总能耗在2010年占比分别为49.1%和50.9%，到2020年货运比例进一步提高，客货运占比分别为44.5%和55.5%，2030年客货运占比分别为47.8%和52.2%，终端能源消耗中占比最高的是公路货运，2030年能耗约占总能耗的39.9%，2050年能耗比例进一步增长到42.2%；其次是公路客运中的乘用车能耗，2030年约占总能耗的36.7%，2050年比例下降到26.9%。客运的终端能耗增速低于货运，客运中乘用车能耗在2010~2020年年平均增速为9.85%，2020~2030年年平均增速降至2.33%，2030~2050年乘用车能耗进入平台期和降低期，年平均降速为0.41%。货运中道路货运能耗在2010~2020

年年平均增速为 9.95%，2020~2030 年年平均增速降至 4.73%，但仍高于道路客运。2030~2050 年道路货运能耗继续增长，增速进一步降低，年平均增速为 2.47%。我国货运的终端需求快速增长，这和快速的城市化、居民生活水平的提高和消费模式的改变相关。

2050 年参考情景下，总能耗中货运占比 55.7%，客运占比 44.3%。其中，客运模式中的乘用车占比 26.9%，约为全部能耗的 1/4。因此为了有效推进我国交通部门的能耗降低，在能效方面，应大力推进道路货运和乘用车的燃油经济性，升级排放标准；在燃料方面，应积极鼓励和推进天然气道路货运，以及乘用车中混合动力、燃料乙醇和电动车的使用比率。

乘用车未来不同驱动技术的保有量如图 4.13 所示，不同技术承担终端客运服务量的比例在图 4.14 中给出。乘用车驱动技术构成中主要是汽油车，汽油车 2010~2030 年乘用车保有量从 5 808 万辆增加到 31 172 万辆，年平均增速为 8.8%，2030 年后年平均增速下降至 2.0%，到 2050 年保有量约为 46 084 万辆。混合动力车在 2015 年后保有量逐渐增加，到 2050 年保有量约为 7 205 万辆，占全部驱动技术的 12.1%。气体燃料车的比例逐渐增长但仍然较低，2030~2050 年占总保有量的 6%~7%。电动车保有量逐渐增加，占比从 2035 年之后达到 1%以上，2050 年占比约为 1.2%。

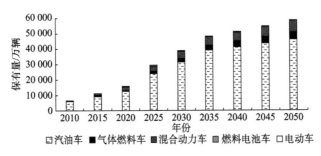

图 4.13　乘用车主要驱动技术发展

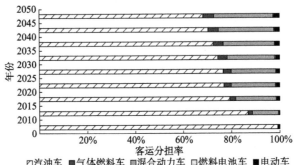

图 4.14　乘用车各驱动技术的客运分担率

乘用车各驱动技术对客运终端服务量的分担仍然是汽油车占比最高，从2010年的97.4%逐年降低，2030年分担率降到76.4%，2050年分担率降到68.3%。混合动力车由于在2015年之后受政策激励，保有量增加，对客运终端服务量的分担从2015年的7.2%增加到2050年的22.7%。气体燃料车和电动车对客运服务量的分担率较低，到2050年分别约占7.6%和2.3%。参考情景下，仍需进一步推进我国乘用车燃料技术替代和技术结构优化。

我国客车未来不同驱动技术的保有量如图4.15所示，不同技术承担终端客运服务量的比例在图4.16中给出。客车驱动技术构成中主要是柴油车，其次是汽油车和气体燃料车，柴油车从2010年保有量占比68.3%增加到2020年占比71%之后开始下降，2050年占比55.6%。汽油车保有量占比逐渐增加，从2010年约27.6%，逐渐增加到2030年的29.6%和2050年的30.4%。气体燃料车和电动车在客车保有量中的比例在2020年后迅速提高，从2020年的4.1%和0.9%提高到2050年的8.0%和5.8%。

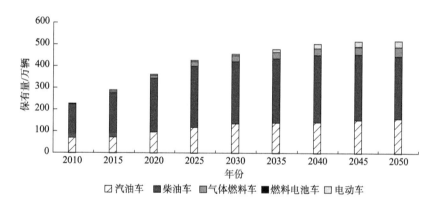

图4.15 客运主要驱动技术发展

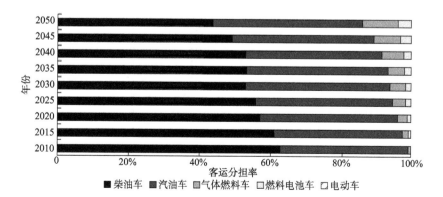

图4.16 客车驱动技术的客运分担率

柴油车对道路客运终端服务量的分担率逐年降低，从 2010 年的 62.7%降至 2030 年的 51.2%和 2050 年的 43.4%。汽油车的分担率为 38.1%~40.7%。气体燃料车和电动车的比例增加到 2050 年的 10.1%和 7.8%。

货车未来不同驱动技术的保有量如图 4.17 所示，不同技术承担终端道路货运服务量的比例在图 4.18 中给出。货车驱动技术构成中主要是柴油车，大型和中型卡车大部分均以柴油为燃料，柴油车在 2045 年达到 3 365 万辆后略降，汽油车保有量持续增长，2030 年增加到 978 万辆，约为 2010 年水平的 5 倍，占当年全部货车保有量的 25.7%。气体燃料车 2050 年增长至约 277 万辆，约占全部保有量的 5.6%。货车各驱动技术对道路货运终端服务量的分担率基本变动不大，柴油车的分担率为 79.5%~85.1%，汽油车分担率为 17.4%~19.2%，气体燃料车的分担率从 0.7%增加到 2050 年的 4.3%。在参考情景下，交通部门的道路交通主要以油品消费为主，且清洁燃料所占比例仍然较低。

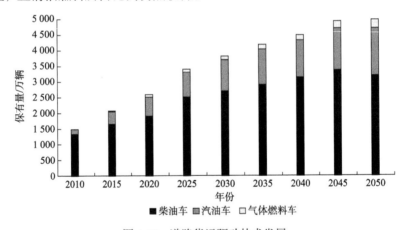

图 4.17 道路货运驱动技术发展

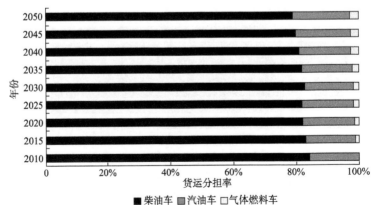

图 4.18 货车驱动技术的货运分担率

4.1.4 建筑部门能源需求

模型中的建筑部门包括城镇居民建筑、农村居民建筑、大型公共建筑和一般公共建筑。终端能源消耗主要考虑居民生活中的取暖、制冷、热水、炊事、照明和其他家电设备等，以及公共建筑的办公设备、照明、取暖、制冷和热水等。

随着我国城市化率的不断提高和第三产业占比的不断增长，我国人均居住面积在未来将不断增长，人均居住面积将在 2030 年达到 37.9 平方米，2050 年进一步增加到 43.4 平方米。其中，2030 年城镇居民人均居住面积约 35.0 平方米，2050 年约 40.2 平方米；2030 年农村居民人均居住面积约 42.7 平方米，2050 年约 50.1 平方米。公共建筑总面积也在同时增长，人均公共建筑面积也从目前的人均 5.9 平方米增加到 2030 年的 12.9 平方米和 2050 年的 20.1 平方米。建筑部门的能源需求相应地也迅速提升。基准情景下，建筑部门能耗在总能耗所占比例从 2010 年的 22%增长到 2030 年的 29%，在 2050 年占比约 35%。如图 4.19 所示，我国的建筑部门总能源需求在 2030 年达到 13.8 亿吨标准煤，是 2010 年的 2.39 倍；2050 年总能源需求将突破 18 亿吨标准煤，是 2010 年能源需求的 3.18 倍。如果考虑到农村居民部门对生物质等其他非商品能源的消费，2050 年我国建筑部门总能源需求将突破 18 亿吨标准煤。

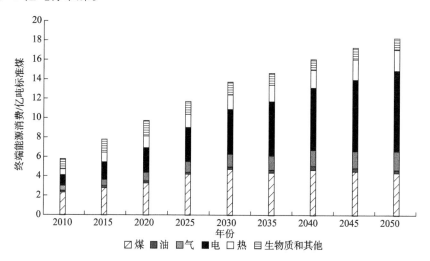

图 4.19　建筑部门终端能源消费总量和结构

由于非商品能源生物质在农村居民部门是重要的终端能源消费来源，为了观测其所占比例变化，也将其纳入此图中，但在计算终端商品能源消费时不计入总量

我国的城镇住宅、农村住宅和公共建筑在建筑总能耗的占比情况如图 4.20 所示。其中，农村住宅的能耗占比持续下降，从 2010 年的 48%下降至 2030 年的

42%，2050 年占比继续下降到 38%。这是因为，一方面，快速的城市化导致农村的实际住宅面积减少，从 2010 年的 241 亿平方米降至 2030 年的 237 亿平方米，在 2050 年降至 227 亿平方米；另一方面，随着能源使用效率和技术水平的提高，农村住宅的单耗得到了有效控制，农村住宅平均单耗为 9.4~11.5 千克标准煤/米^2。

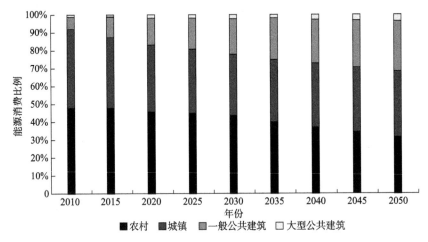

图 4.20　按照建筑类型分类的能源消耗构成

公共建筑能耗的比例快速增长，尤其是一般公共建筑能耗占比从 2010 年的 7%快速增长到 2030 年的 20%，之后增速放缓，在 2050 年达到 28%。一方面，由于快速的城市化，城镇人口和公共建筑面积不断增长；另一方面，随着三产比例的调整及居民生活水平的提高，对公共服务的需求也持续增长。但公共建筑能耗在未来能源需求预测中占比的不断增加，也体现了大力推行公共建筑节能和杜绝公共建筑能源浪费的必要性。虽然城镇住宅能耗的总量快速增长，但我国城镇住宅的能耗占总建筑能耗的比例持续降低，2010 年的能耗占比为 44%，2020 年之后维持在 34%~36%。城镇住宅建筑能耗占比降低的主要原因是新增建筑能耗的大部分来自于公共建筑能耗的增加。

分部门来看，若仅考虑商品能源，则农村居民部门的终端能源需求在 2030 年达到峰值，约 5.82 亿吨标准煤，是 2010 年的 2.08 倍（图 4.21）。这和城市化率的迅速提高有很大关系，农村居民的建筑面积在 2010 年约为 233 亿平方米，从 2015 年开始逐年下降，在 2030 年约为 184 亿平方米，到 2050 年降为 179 亿平方米，约为 2010 年的 76.8%。随着居民生活水平的提高，农村居民的采暖面积和制冷面积逐步提高，但由于农村住宅面积存量的下降，实际采暖面积相对于 2010 年的增幅并不高。农村居民部门的能源消费在 2030 年之后总体呈下降趋势，居民部门的能源需求剧增主要是由于城市化率的不断增长带来的城镇居民能源需求的迅速增加。

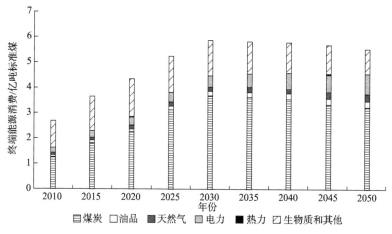

图 4.21　农村居民部门终端能源消费总量和结构

其中生物质和其他为非商品能源，在农村居民部门作为重要能源需求列出

和农村居民部门不同，城镇居民部门总能源需求不断增长，2050 年达到 6.27 亿吨标准煤，是 2010 年的 2.5 倍。分能源品类来看，随着天然气开采和运输管道建设的不断增加，天然气所占比例提高，2030 年占比增长到 24%，相较于 2010 年的 15%，提高了 1.6 倍。煤炭的使用在城镇居民部门同样在可控范围内有所降低，2010 年占比更是降到了 17% 以下。城镇居民的住宅面积增长，2050 年预计超过 455 亿平方米，是 2010 年的 2.53 倍，终端能源需求增长约 2.6 倍，如图 4.22 所示。

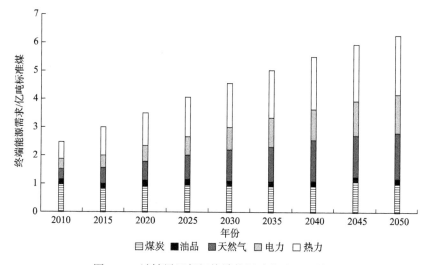

图 4.22　城镇居民部门终端能源消费总量和结构

在农村居民部门,采暖能源需求占农村终端能源总需求的50%~70%,采暖的能源消耗在2030年达到峰值,随着农村居民生活水平的提高,一方面,清洁能源的使用和普及使炊事的能源技术结构发生变化,导致总体能源需求降低;另一方面,空调和热水器的使用比例提高,使制冷和热水的能源需求从2010年的500万吨标准煤增加到2030年的6 700万吨标准煤和2050年的约1亿吨标准煤,同时能源需求所占的比例也从低于2%,增长到2030~2050年的平均12%,但空调和热水器所占比例仍较低(图4.23)。

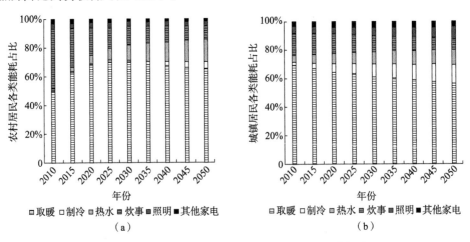

图4.23 农村和城镇居民部门各能源服务类型的能耗占比

在城镇居民部门,主要的终端能源消耗仍然来自于采暖,但能源需求占比不断降低,从2010年将近70%降至2030年的61%,这主要是由于未来技术平均效率的提高,如供热方面,新增燃煤锅炉的效率在80%以上,而且天然气供热比例逐年增加,年增长率接近10%。炊事的能耗占比降低,制冷和热水的能源需求比例不断增长,2030年均达到9%左右,这和城镇居民生活水平的提高、生活方式的改变有关。

建筑部门分类型的未来单位面积或单位户数能耗的变化在图4.24中给出。其中,城镇住宅和公共建筑的平均单耗逐年降低,农村住宅的单耗在2020年之后增速明显放缓,基本持平。以采暖服务需求为例,城镇住宅的采暖单耗从2010年的14.1千克标准煤/米^{2}降至2030年的12.2千克标准煤/米^2,农村住宅采暖单耗从2010年的7.2千克标准煤/米^{2}增长到2030年的8.1千克标准煤/米^2,其主要原因是实际采暖面积增加。一般公共建筑和大型公共建筑的采暖单耗则分别从基年的15.7千克标准煤/米^{2}和21.4千克标准煤/米^{2}降至2030年的12.4千克标准煤/米^{2}和15.1千克标准煤/米^2。

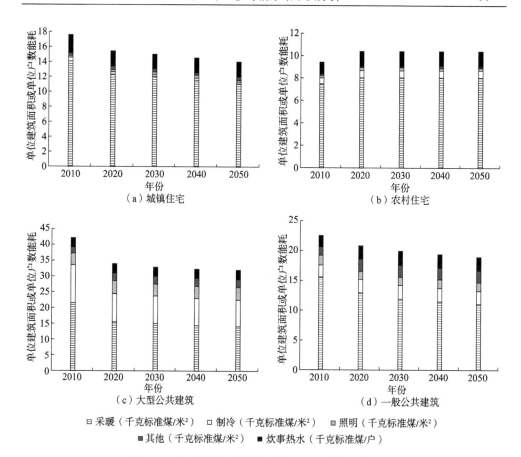

图 4.24 分能源服务类型的单位面积或单位户数能耗

虽然建筑部门的单耗持续降低，但由于城市化带来的建筑面积迅速增长，尤其是城镇居民和公共建筑的总能耗呈快速增长趋势，这一趋势在中国进入平稳城市化阶段之前得到迅速改善的可能性不大。因此，持续改善单位能效，尤其是提高集中供暖比例和效率，严格采暖和制冷启用的温度标准，推广节能家电的使用，减少公共建筑的能源浪费，进一步降低终端服务的单耗仍然是未来主要努力的方向。

4.1.5 电力生产及构成

由于终端部门电力消费的持续增长，我国电力生产量在未来呈持续增长趋势。2010 年，我国总发电量约 4 006 太瓦时，之后迅速增长，在 2030 年达到 9 620 太瓦时，约是基年的 2.4 倍，2050 年进一步增长达到 13 400 太瓦时。发电量的年平均增速从 2020 年的 4.1%逐渐放缓，2030 年之后逐渐低于 2.1%。在本章研究中，电力生产量的快速增长主要受能源终端需求部门对电力需求持续增长的驱动（图 4.25）。

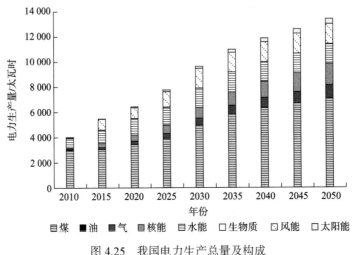

图 4.25　我国电力生产总量及构成

人均用电量在一定程度上能够反映该国家或地区的经济发展水平和居民收入情况。根据全球主要国家的情况，主要的人均用电量水平可以分为四个等级：第一等级是人均用电量高于 10 000 千瓦时以上的美国、澳大利亚和部分欧洲发达国家，第二等级是人均用电量在 5 000~10 000 千瓦时的大部分发达国家，第三和第四等级以 2 500 千瓦时为界，低于这个标准的大部分为发展相对落后的国家和地区。2010 年，我国人均用电量大约在 3 145 千瓦时，根据世界银行的统计数据，这一水平还不到日本人均用电量的一半[110]，尚有较大的增长空间。2050 年我国人均用电量预计达到 9 640 千瓦时，基本和大部分发达国家现有的水平持平（表 4.2）。

表 4.2　发电量增速和人均用电量

类型	2010 年	2020 年	2030 年	2040 年	2050 年
发电量年平均增速	4.86%	4.10%	2.11%	1.22%	1.04%
人均用电量/千瓦时	3 145	4 473	6 550	8 299	9 640

从电力生产构成上来看，火力发电尤其是煤电始终是最主要的电力生产构成，2010 年，煤电占全国发电总量的 74.1%，之后比例逐渐降低，非化石能源发电的比例逐渐提高，电力生产结构得到改善，在 2050 年，煤电的占比降到了 53.1%。由于煤电发电机组的构成改变，平均发电效率不断提高，超超临界等技术成为未来主要的发电机组构成，我国煤电的供电煤耗持续降低。2020 年我国煤电供电煤耗降低到 297 千克标准煤/千瓦时，比 2010 年降低了 10% 左右，略低于日本目前的平均发电煤耗；2050 年煤电供电煤耗进一步降低到 259 千克标准煤/千瓦

时，比 2010 年降低了约 21%。

我国包括核电在内的非化石能源的发电比例持续增长，在 2020 年和 2030 年分别达到 30.9%和 32.7%，2050 年非化石能源发电的比重提高到 38.3%，其中，水电占比 11.8%，核电占比 11.7%，风电、太阳能发电和其他非化石能源发电的比例达到 14.8%。随着风电和太阳能发电技术的不断发展，发电成本不断降低，其贡献比重迅速增加。水力资源的可开发容量降低，导致水电的比例逐年降低，从 2010 年的 19.2%降低到 2050 年的 11.8%；核电的发展迅速，从 2010 年占比 2.1%迅速增加到 2030 年占比 8.7%，随后核电站新增装机量的增速放缓，核电的贡献比例逐渐低于风电和太阳能发电技术的总和。

从电力消费在各个部门的分配来看，工业部门和建筑部门是电力消费的主要构成。其中，2010 年工业部门的电力消费占比 77%，之后逐年下降，在 2030 年电耗比例降到 55%，2050 年进一步下降到 43%；2010 年，建筑部门电力消费占比 23%，之后比例逐渐上升，2030 年达到 44%，2050 年达到 56%。生活用电成为电力消费的主要来源。

4.1.6 一次能源消费

我国的一次能源消费从总量上看，2030 年达到 59.6 亿吨标准煤，是 2010 年的 1.83 倍，2050 年达到 72.9 亿吨标准煤，是 2010 年的 2.23 倍（图 4.26）。从增长趋势来看，一次能源消费的增速逐年放缓，2010~2020 年年增长率为 4.4%，2020~2030 年年增长率放缓到 1.8%，2030~2040 年年增长率为 1.1%，2040~2050 年年增长率降至 0.9%。一次能源消费的变化趋势和终端部门的能源消费趋势一致，主要由终端部门燃料消费的结构变化引起。

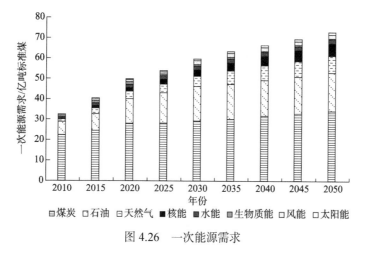

图 4.26　一次能源需求

从一次能源消费结构上来看，煤炭占比明显下降，2010 年占总一次能源消费的 68.8%，2030 年跌至 50%以下，2050 年占比约 45.1%。由于交通部门的需求持续增长，石油的消费比例呈缓慢增长趋势，2020 年之后维持在 26%~28%（图 4.27）。我国电力生产和工业生产过程对煤炭的依赖在 2020 年之后逐步得到改善，但随着交通部门和建筑部门能源需求的持续增长，我国能源消费结构短期内无法完成整体的优化，化石能源的消费仍将占据重要比例。

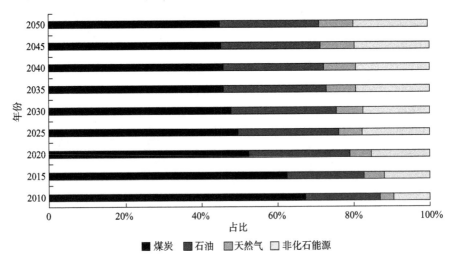

图 4.27 一次能源消费结构

化石能源中，天然气作为较清洁能源，消费总量在 2030 年为 5.1 亿吨标准煤，占比 7.1%，2050 年占比 9.2%。从使用上来看，随着电力和工业部门结构调整，天然气使用比例不断上升，增速在 2030 年之后放缓，其主要原因是：第一，中国进口天然气基数不断增大，进口天然气的增速放缓；第二，新的管道投产和铺设减缓，资源供给受到限制；第三，受价格因素影响，特别是对气价较为敏感的工业用户的能源需求增速逐步放缓。

非化石能源消费在政策激励的作用下迅速增长，在 2020 年占比 14.8%，刚刚达到国家中长期发展规划中非化石能源比例达到 15%的要求，2030 年之后，继续增加化石能源比例的难度加大，2030 年和 2050 年非化石能源在一次能源中的占比分别为 18.9%和 21.4%。

能耗强度，即单位 GDP 的一次能源消耗量，是衡量一个国家或地区能源综合利用效率的最常用的指标之一，可以较直观地体现该地区能源利用的经济效益水平，在我国通常的说法是万元 GDP 能耗。基准情景下，我国能耗强度从 2010 年的 0.83 吨标准煤/万元 GDP 逐年降低到 2030 年的 0.42 吨标准煤/万元 GDP，年平均降幅为 3.35%，2050 年能耗强度进一步降低到 0.26 吨标准煤/万元 GDP，

2030~2050 年年均降幅为 2.37%。基准情景下，2020 年的单位 GDP 能耗强度比 2010 年下降 29.3%，2030 年的单位 GDP 能耗强度则比基年下降 49%。2010 年，我国能耗强度和其他国家对比，按照 2005 年 GDP 购买力平价（purchasing power parity，PPP）美元价换算，我国能耗强度水平和加拿大持平，是美国的 1.2 倍，日本的 1.5 倍，主要欧洲国家的 1.9 倍[312]，存在较大的能源系统改善空间。

4.1.7 二氧化碳排放

随着一次能源消费总量的逐步增长，我国能源相关二氧化碳排放总量在参考情景下也将持续增长，2030 年能源相关二氧化碳排放 118.8 亿吨，2050 年增长到 139.7 亿吨。2010~2020 年年平均增速约为 3.08%，随着减排总量控制力度的增强，2020 年后增速放缓，2020~2030 年年平均增速为 0.89%，之后一直保持这个较低水平的增长，2030~2040 年和 2040~2050 年的平均增速分别是 0.8%和 0.78%（图 4.28）。

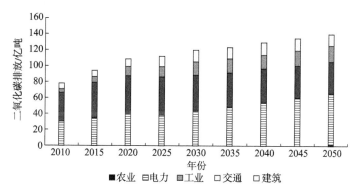

图 4.28 能源相关的二氧化碳排放

从部门排放结构上来看，2030 年之前工业部门二氧化碳排放占比最高，其次是电力部门（图 4.29）。2030 年之后，在电力需求增长的驱动下，电力部门的二氧化碳排放增加，成为占比最高的部门，2030 年占比约为 36.1%，2050 年进一步增加到 46.1%。而工业部门二氧化碳排放的比例逐渐降低，2030 年占比 35.7%，2050 年占比进一步降低到 31.2%，在 2010 年的基础上降低了 39%。交通部门的二氧化碳排放比例逐年增高，2010 年占比 7.4%，2030 年增加到 14.1%，2050 年继续增长到 15.2%。建筑部门的碳排放比例也呈逐年增长趋势，但增长率明显低于交通部门，2030 年之后建筑部门占比逐渐增加到 9.7%，之后基本维持在该水平或略有上升，这和建筑部门天然气和电力消费比例的升高有关。

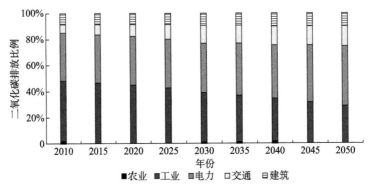

图 4.29　二氧化碳排放的部门构成

衡量一个地区二氧化碳排放水平的指标包括当年人均二氧化碳排放和单位 GDP 的二氧化碳排放（即碳排放强度）。我国人均二氧化碳排放从 2010 年的 5.3 吨，逐渐增长到 2030 年的 8.1 吨，2050 年达到 9.7 吨，和主要发达国家的人均排放水平相比，处在较低的水平。其中，明显低于美国人均排放 17.5 吨和加拿大 15.6 吨的水平，和欧盟平均水平 9.1 吨及日本 8.9 吨的水平相当。我国单位 GDP 的碳排放水平迅速下降，在 2020 年相对 2010 年下降 36%，比 2005 年下降约 47%，可以实现 2020 年碳排放强度下降 40%~45%的目标。2030 年比 2010 年降低 50.8%。以 2005 年美元价为基准，考虑 PPP 的折算，我国 2010 年碳排放强度和同水平的发达国家相比仍然较高[312]，我国仍需大力推行节能减排，继续降低碳排放强度。

4.2　模型结果对比和因素分解

随着气候变化问题的热议，研究和预测二氧化碳排放趋势的模型逐渐增多。在其中较为典型的包括国家发展和改革委员会能源研究所开发的 IPAC 模型，日本国立环境研究所开发的 AIM-Enduse 模型，IIASA 开发的 MESSAGE 模型、国际能源署开发的 WEM 模型，以及清华大学开发的 China-Markal/Times 模型。本节主要对比了 China-MAPLE 模型和这些重要模型的主要结果，并在此基础上通过因素分解来分析构成差异的主要原因，进而核查模型在能源系统方面和分析结果方面的可靠性。

在参考情景下，China-MAPLE 模型的二氧化碳排放和其他模型的输出结果对比在图 4.30 中列出。本模型的研究结果落在可信区间之内，并且和 PECE 模型、China-Markal 模型、MESSAGE 模型及 WEM 模型的结果最为接近。在此基础上，我们通过因素分解法来确定影响二氧化碳排放量变化的主要因素，来对比和解释

China-MAPLE 模型同其他结果的一致性和部分差异性。

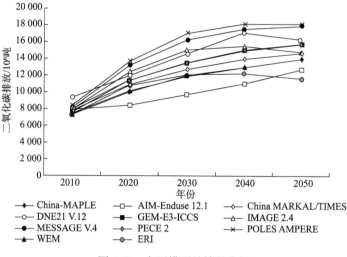

图 4.30 主要模型的结果分析

基于 LMDI（logarithmic mean divisia index，对数平均迪式指数法）因素分解方法的 Kaya 等式可以用简化的方法来分析 CO_2 排放的影响因素：

$$CO_2 = Pop \times \frac{GDP}{Pop} \times \frac{Ene}{GDP} \times \frac{CO_2}{Ene} \tag{4.1}$$

其中，CO_2 是二氧化碳排放量；Pop 是该区域人口总数；GDP 是国内生产总值；Ene 是一次能源消费量。GDP/Pop 是人均国内生产总值；Ene/GDP 是能源消费强度；CO_2/Ene 是碳排放强度。

根据 Ang 等使用的 LMDI 的分解方法和对数变化，有

$$V = \sum_i x_{1,i} \times x_{2,i} \times \cdots \times x_{n,i} \tag{4.2}$$

$$\Delta V_{tot} = V_T - V_0 = \sum_k \Delta V_{x_k} = \Delta V_{x_1} + \Delta V_{x_2} + \Delta V_{x_3} + \cdots + \Delta V_{x_n} \tag{4.3}$$

$$\Delta V_{x_k} = \sum_i \frac{V_i^T - V_i^0}{\ln V_i^T - \ln V_i^0} \times \ln \frac{x_{k,i}^T}{x_{k,i}^0} \tag{4.4}$$

得出二氧化碳排放的变化量为

$$\Delta CO_2 = \sum_k \Delta CO_{2x_k} = \Delta CO_{2Pop} + \Delta CO_{2\frac{GDP}{Pop}} + \Delta CO_{2\frac{Ene}{GDP}} + \Delta CO_{2\frac{CO_2}{Ene}} \tag{4.5}$$

在给定时间段 T 内 CO_2 排放的变化可以计算为

$$\Delta CO_{2x_k} = \frac{CO_2^T - CO_2^0}{\ln CO_2^T - \ln CO_2^0} \times \ln \frac{x_k^T}{x_k^0} \tag{4.6}$$

最终的二氧化碳排放变化量为

$$\mathrm{dCO}_{2x_k} = \frac{\Delta \mathrm{CO}_{2x_k}}{\Delta \mathrm{CO}_2} \times \mathrm{dCO}_2 \tag{4.7}$$

通过和主要模型的二氧化碳驱动因素的分解和对比，China-MAPLE 参考情景下的结论和主要模型的预测具有一致性，具体表现在：①人均 GDP 的增长是未来 CO_2 排放的最主要驱动因素，在总影响中占比 67%以上。②人口的增长相比是较弱的驱动因子，在影响 CO_2 排放中所占比例很小，低于 5%。③能源强度，即单位 GDP 的一次能源消耗，作为一个衡量地区能源效率的最主要指标，在除宏观经济因素之外，占据着重要的作用，在计算年区间的贡献率为 18%~27%。能源强度对排放的影响随着时间推移，重要性逐渐减弱，但是这和具体不同的情景设置相关。④二氧化碳排放强度的指标对排放结果的影响很小，平均贡献率也在 5%以下。因此，在不同能源模型的外生宏观经济假设不同的情况下，能源强度的水平直接影响各模型的排放计算结果。

China-MAPLE 和其他主要模型的差别在于：①二氧化碳排放的趋势；②人均收入的设置不同；③能效改善情况不同；④能源消耗情况不同。参考情景下，去除宏观经济参数的影响，能效改善的情况并不明显，因此各模型在参考情景下的 CO_2 排放更多地依赖于外生假设。在此基础上，主要模型的结果是一致的。在深度减排情景下，模型结果对能效的改善非常敏感，各模型的预测结果将产生明显不同。

4.3 参考情景下常规污染物排放

在参考情景下，假设末端处理技术水平及实施程度保持 2010 年的水平，其目的是研究现有政策力度下未来大气污染物排放及变化，为后续的分析提供一个比较的基础。

基准情景下，2010 年的 SO_2 排放量为 4 142 万吨，随后呈不断增长趋势，2030 年增加到 10 931 万吨，在 2040 年达到 11 522 万吨后达峰，2050 年总量排放下降至 11 023 万吨（图 4.31）。NO_X 排放量在 2010 年为 4 158 万吨，之后逐年增长，在 2030 年达到 7 564 万吨，随后增速逐渐放缓，2050 年达到 8 177 万吨（图 4.32）。颗粒物的排放中，我们主要考察一次颗粒物 $PM_{2.5}$ 的排放，2010 年总排放为 1 093 万吨，在 2030 年达峰，为 1 751 万吨，之后逐年下降，2050 年排放为 1 597 万吨（图 4.33）。本书不考虑由物理化学反应形成的二次颗粒物，这部分颗粒物的研究需要在未来与空气质量模型结合进行。

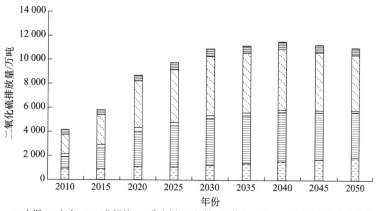

图 4.31　SO_2 排放总量及趋势

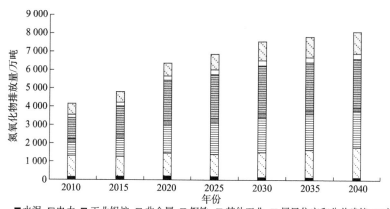

图 4.32　NO_X 排放总量及趋势

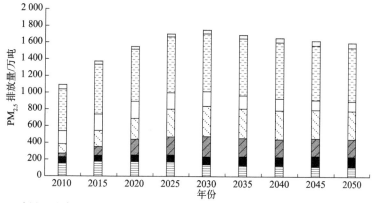

图 4.33　$PM_{2.5}$ 排放总量及趋势

从部门构成上来看，SO_2 排放的主要来源是电力部门和包含钢铁、非金属和工业锅炉、工业过程在内的工业部门。两者的贡献比率分别从 2010 年的 22%和 67%，变化到 2050 年的 17%和 77%（图 4.34）。NO_X 排放的来源主要是工业部门、电力部门及交通部门，其中交通部门的比例在2010年约为15%，2050年增加到 17%，这和我国交通能源需求持续增长紧密相关。电力部门占比从 2010 年的 28%变化到 2050 年的 25%，工业部门占比在 2010 年约为 48%，在 2050 年略增至 55%（图 4.35）。

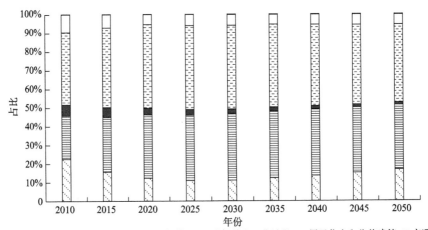

图 4.34　SO_2 分部门排放构成

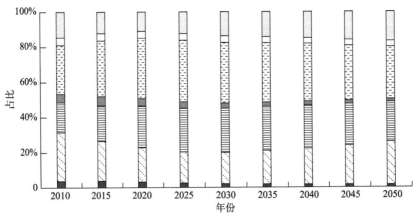

图 4.35　NO_X 分部门排放构成

$PM_{2.5}$ 的排放主要来自居民部门和工业部门，电力部门占比较少，三个部门的占比在 2010 年分别为 46%、21%和 7%。其中，居民部门占比较大，主要是因为居民部门尤其是农村居民采暖和炊事大量依赖散煤的燃烧，效率较低且伴随大量的颗粒物排放。随着未来城镇化的进一步提高，居民部门特别是农村居民部门散煤的消费量将逐步减少，居民部门对 $PM_{2.5}$ 排放率的贡献逐渐从 2010 年的 46%降低到 2030 年的 42%和 2050 年的 39%（图 4.36）。

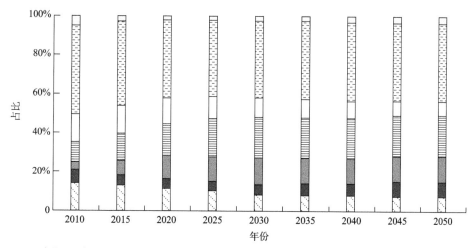

图 4.36 $PM_{2.5}$ 分部门排放构成

对比"十二五"规划中常规污染物 SO_2 和 NO_X 在 2015 年的排放分别相对于 2010 年下降 8%和 10%的目标来看，模型计算结果未能达到目标。总的来说，在维持现有末端治理措施力度的情况下，到 2030 年，SO_2、NO_X 及一次细颗粒物的排放将比 2010 年增加 163.2%、81.9%和 60.2%，空气质量将进一步恶化。因此，我国现有的污染物控制水平还处在较为落后的状态，采取更为严格的污染物排放控制非常必要，第 5 章中将主要介绍严格末端控制的情景设定及结果分析。

4.4 边际减排成本曲线

边际减排成本曲线是分析二氧化碳减排的经济性效果的有力工具，可以直观反映出不同经济体减排的潜在空间和实施成本。IPCC、世界银行、联合国等国际性组织广泛运用边际减排成本信息针对不同减缓气候变化的政策进行经济效果评估。本节将在局部均衡模型的基础上，引入边际减排成本曲线，并分析全部门和分部门的边际减排成本。

4.4.1 边际减排成本曲线的构建原理

边际减排成本曲线常被用于为减排措施排序,从而鉴别出成本最小化的方法。边际减排成本曲线通过施加特定的减排目标描绘出不同减排技术的边际成本。边际减排成本曲线代表的是排放减少量和碳价格或税收之间的关系。此外,边际减排成本曲线通常应用于论证 ETS(carbon emission trading system,碳排放权交易系统)突出的优越性。到现在,已经有许多研究侧重于边际减排成本曲线。例如,麻省理工学院开发的 EPPA 模型得出边际减排成本曲线,并用于分析 ETS 在满足《京都议定书》减排承诺方面的优势。现有研究也证明了区域的边际减排成本曲线具有较强的鲁棒性。例如,Criqui 和 Mima 等从 EPPA 和 POLES 模型中产生边际减排成本曲线,并得出结论,虽然社会经济参数、技术改进和替代弹性在各模型中存在差异,但是区域边际减排成本曲线的排名并没有变化。Elzen 和 Lucas 等用 FAIR 模型链接了区域排放配额和减排成本,说明全球长期减排目标评估制度需要分析初始分配和减排成本分布。

然而,在行业层面的边际减排成本较少被提及。ETS 在中国的试点工作更强调了对产业边际减排成本曲线进行综合比较分析的重要性。边际减排成本曲线的获取有两种方法,一种是设置排放约束,另一种是加载不同水平的碳税。

对于区域 R 和时间 T,给定的碳排放约束上对应着影子价格。该价格表示为了完成最后一吨减排任务所需要支付的边际成本。MACC(marginal abatement cost curve)绘制的是对应的减排量和碳的影子价格之间的关系。例如,点 (q, p) 和曲线下的阴影面积代表区域 R 在时间 T 减排 q 的二氧化碳的成本(图 4.37)。

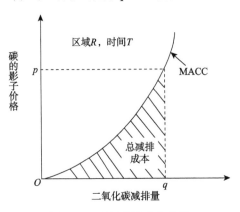

图 4.37 边际减排成本曲线

任何一个区域的减排都可以表示为它的边际成本曲线。如果几个区域致力于实现减排的同时,减排相关的边际成本是不同的,那么具备较低的边际减排成本的地区可以通过出让"排放权"或排放许可证的方式，向边际排放成本较高的地区出售。

对于两个区域 R_1 和 R_2，区域 R_1 的实际减排量是 q_1，区域 R_2 的实际减排量为 q_2。在不进行交易的情况下，两者分别承担（p_1，q_1）曲线下的减排成本和（p_2，q_2）曲线下的减排成本。如果两个区域的减排目标分别为 q_1^* 和 q_2^*，那么该目标可以通过区域间的排放权交易来实现。例如，p^* 为在该交易机制下的排放许可均衡价格，那么区域 R_1 可以通过购买（$q_1 - q_1^*$）的排放许可达到减排目标，减排的总成本减少了 S_1 的阴影面积。区域 R_2 可以出售（$q_2^* - q_2$）的排放许可，总的减排成本减少了 S_2 的阴影面积，即在系统总成本最小化的目标函数下，进行交易可以有效降低系统总的减排成本（图 4.38）。

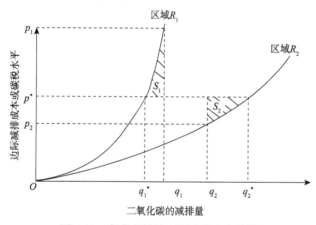

图 4.38　考虑交易的边际减排成本曲线

4.4.2　全经济的边际减排成本曲线

获得边际减排成本曲线的方法主要有两种：加载碳税和控制二氧化碳排放总量。本书主要通过前者来分析和获得二氧化碳的边际减排成本曲线。在模型中加载不同水平的碳税，根据二氧化碳减排量的变化来绘制二氧化碳边际减排成本曲线。纵轴对应不同水平的碳税，横轴对应二氧化碳的减排率。

2020 年二氧化碳的边际减排成本曲线如图 4.39 所示。其中，在碳税水平低于 100 元/吨 CO_2 的情况下，二氧化碳的减排率低于 6.8%；在碳税水平低于 200 元/吨 CO_2 时，二氧化碳的减排率低于 20.1%，且增加单位碳税带来的减排率的增加率偏低；碳税水平在 200~800 元/吨 CO_2 时，二氧化碳减排率在 20.1%~32.5%，且增加碳税会带来减排率的迅速上升。

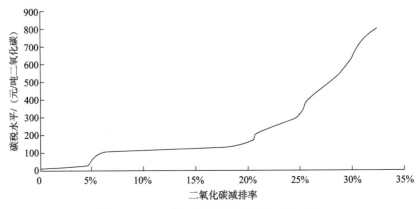

图 4.39　2020 年二氧化碳边际减排成本曲线

2030 年二氧化碳的边际减排成本曲线如图 4.40 所示。其中，在碳税水平低于 100 元/吨 CO_2 的情况下，二氧化碳的减排率低于 14.0%；在碳税水平达到 200 元/吨 CO_2 时，二氧化碳的减排率为 23.9%；碳税水平在 200~800 元/吨 CO_2 时，二氧化碳减排率在 23.9%~43.9%，且增加碳税会带来减排率的迅速上升。同 2020 年相比，加载同等碳税水平下，二氧化碳的减排率提高，这是由于 2030 年的减排技术构成使同样水平的碳税刺激具备了更大的减排潜力。

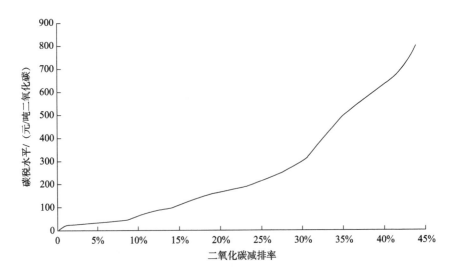

图 4.40　2030 年二氧化碳边际减排成本曲线

4.4.3　部门的边际减排成本曲线

在加载碳税的情况下，各部门的二氧化碳减排水平不同。在加载碳税的情况下，2030 年分部门的边际减排成本曲线如图 4.41 所示。

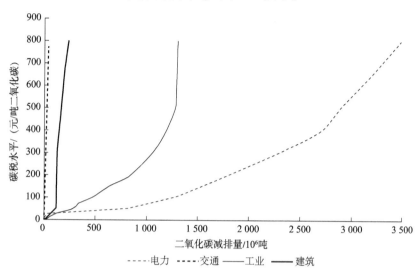

图 4.41 2030 年分部门边际减排成本曲线

从图 4.41 的部门边际减排成本曲线可以观察到，在加载同样的碳税水平的情况下，二氧化碳总的减排量在各部门的分配是有较大的差别的。其中，电力部门和工业部门的减排量较大，即对碳税的加载更加敏感和有效，建筑部门和交通部门的减排量较小，对于碳税的敏感性较低。这和部门的二氧化碳排放总量和部门的能源技术构成有直接的关联。

具体地，分部门来看碳税水平和减排量的关系，在碳税水平低于 100 元/吨 CO_2 的情况下，电力部门、工业部门和建筑部门的二氧化碳减排量分别低于 $1\,250\times10^6$ 吨、470×10^6 吨和 118×10^6 吨；在碳税水平加载到 200 元/吨 CO_2 时，电力部门、工业部门和建筑部门的二氧化碳减排量分别约 $1\,800\times10^6$ 吨、840×10^6 吨和 125×10^6 吨；碳税水平在 200~800 元/吨 CO_2 时，电力部门、工业部门和建筑部门的二氧化碳减排量分别为 $1\,800\times10^6$~$3\,502\times10^6$ 吨，840×10^6~$1\,298\times10^6$ 吨和 125×10^6~232×10^6 吨，且增加碳税会带来减排率的迅速上升。

4.5 本章小结

本章根据建立的 China-MAPLE 模型分析了基准情景下分部门的终端能源需求、主要一次能源消费量、电力生产结构和污染物排放的结果，主要结论如下。

（1）在维持现有减排努力的基准情景下，2030 年我国的一次能源消费将达到 59.1 亿吨标准煤，能源相关二氧化碳排放达到 118.8 亿吨，相比 2010 年单位 GDP 排放强度下降 51%，非化石能源占一次能源比重达到 14.8%。2050 年我国的一次能源消费将达到 72.9 亿吨标准煤，能源相关二氧化碳排放将达到 139.7 亿吨，非化石能源比重将进一步提高到 21.4%。

（2）计算模型的分析结果表明，在维持现有末端治理措施力度的情况下，到 2030 年 SO_2、NO_X 及一次细颗粒物的排放将比 2010 年增加 163.2%、81.9%和 60.2%，空气质量将进一步恶化。常规污染物增加的主要原因是一次能源消费总量的增加及目前较低的末端处理水平。

（3）在加载碳税的情况下，本节给出了边际减排成本曲线和部门的边际减排成本曲线。在同等碳税水平下，2030 年的二氧化碳减排效率高于 2020 年；在碳税较低的水平下，提高碳税将有效提高各部门的二氧化碳减排效率。

第 5 章　强化末端、深度碳减排和协同控制情景分析

基于第 4 章的分析，我们发现在基准情景下，节能减排目标无法达成，因此未来仍需做出改善能源结构和加强末端治理的努力。本章的目的是分析如何综合上游的节能、提高能效、燃料替代及下游的末端治理措施，以全面实现 2030 年温室气体达峰和空气质量达标的目标。本章在模型研究的基础上了引入最严格末端处理水平的强化末端处理情景，并分析了该情景下各污染物的排放情况，研究了关键年份的污染物排放情况及构成，并以此为基础分析了单独依靠最严格的末端处理措施是否可以实现空气质量全面达标。此外，本章引入强化减排情景并和基准情景在能源结构优化上进行比对，最后展开对 COC 情景的研究，分析在能源结构调整和碳减排的影响之外，能源结构的优化对各类污染物减排的作用效果及贡献。

5.1　情景设置

5.1.1　主要情景设置和对比

表 5.1 给出了主要情景设置的概述。本章主要在基准情景的基础上进一步考虑 DDP 情景、EPC 情景和 COC 情景，分别在能源结构优化和末端控制水平的不同层面分部门进行情景研究。

表 5.1 情景设置

情景名称	REF	DDP 情境	EPC 情境	COC 背景
能源结构主要目标概述	维持现有发展水平以及"十二五"规划和中长期发展规划的结构和技术替代	深度减排二氧化碳,各部门深化燃料替代和技术进步,充分挖掘减排潜力	维持现有发展水平以及"十二五"规划和中长期发展规划的结构和技术替代	深化燃料替代,全面引进新技术,充分挖掘减排潜力,实现深度减排
末端控制主要目标概述	末端控制延续现行效率和使用比例	末端控制延续现行效率和使用比例	①末端控制技术逐年进步达到 BAT (best available technology,最佳可行技术);②BAT 在各部门达到最大推广比例	①末端控制技术逐年进步达到 BAT;②BAT 在各部门达到最大推广比例

5.1.2 EPC 情景

EPC 情景是为了分析单独依靠最先进的末端处理技术,是否可以实现 2030 年空气质量全面达标的政策目标。EPC 情景一方面包括全面推行各行业的 BAT,如电力行业的近零排放及交通行业的欧六标准等;另一方面情景也假设主要控制技术在各部门的使用比例逐渐达到最大推广水平。

设计 EPC 情景的目的在于,基于目前我国末端处理技术的水平,最大限度地采用末端控制技术来改善我国的空气质量,主要措施包括:①在各部门推广国际先进的末端治理技术,依据我国国情在各部门推广达到最大力度的情况下,研究我国常规污染物的减排潜力;②BAT 分部门的技术设置参考主要发达国家的排放标准及我国 BAT 技术指南等。其中工业部门主要研究钢铁行业、水泥行业和炼焦行业的 BAT 水平;电力部门侧重对燃煤发电的污染物控制技术进行设置;民用部门主要关注农村居民的污染物控制技术,如低污染的燃煤炉和节能灶的推广等;交通部门主要考虑排放标准的升级,如在 2030 年逐步实现从欧五到欧六排放标准的升级等严格的加速推进措施。主要分部门的技术设置见表 5.2。

表 5.2 EPC 情景设置

部门	名称	持续减排的参考情景		EPC 情景	
		末端控制技术水平	末端控制实施力度	先进末端控制水平	末端控制实施力度
		现行水平	现行推广力度	BAT	最大推广力度
电力	SO_2	烟气脱硫 FGD 去除效率 70%~80%;2010 年加装率 88%	2030 年 FGD 加装推广到 96%	湿法烟气脱硫(脱除效率 92%~98%);喷雾干法烟气脱硫(脱除效率 85%~92%)	燃煤电厂 2030 年湿法烟气和喷雾干法脱硫应用率 100%
	NO_X	低氮燃烧技术(减排低于 60%)2010 年加装 75%,2030 年 84%	低氮燃烧+SCR 脱除(效率 85%)2030 年占 12%	SCR(脱除效率 80%~95%)	2030 年燃煤电厂 100%加装 SCR

续表

部门	名称	持续减排的参考情景		EPC 情景	
		末端控制技术水平	末端控制实施力度	先进末端控制水平	末端控制实施力度
		现行水平	现行推广力度	BAT	最大推广力度
电力	PM$_{2.5}$	煤粉炉的静电除尘2010加装93%,高效布袋除尘7%	2030 静电除尘加装率80%;高效布袋除尘20%	静电除尘和布袋除尘（去除率99.7%）	2030年静电和布袋除尘加装100%
工业锅炉	SO$_2$	FGD（脱硫效率65%~75%）	工业锅炉的FGD加装较低约5%	FGD（脱硫效率90%）控制在170毫克/米^3	2030年所有FGD加装100%
	PM$_{2.5}$	工业锅炉湿法除尘（效率低于80%）	2030年工业锅炉加装湿法除尘达到95%	袋式除尘（去除效率99%）控制在25毫克/米^3	2030年袋式除尘技术加装100%,挤占静电除尘
钢铁	SO$_2$	烧结FGD（脱除效率低于80%）,加装和运营率低	烧结环节加装FGD加装升高达到40%	WFGD（湿法脱硫（脱除效率98%）排放浓度小于100毫克/米^3	2030年WFGD湿法脱硫加装率100%
	PM$_{2.5}$	烧结：静电除尘和高效布袋除尘（效率约90%）,2010年加装率低于75%	2030年静电除尘加装提高到80%,高效布袋除尘加装提高到20%	烧结：袋式除尘（排放0.155到0.255千克/吨产品）炼钢：袋式除尘（0.05千克/吨钢）	烧结和炼钢过程在2030年全面加装BAT袋式除尘
水泥	SO$_2$			窑磨一体化技术（脱除效率72.2%）	2030全面采用窑磨一体化
	NO$_X$	低氮燃烧技术（减排效率低于60%）	低氮燃烧加装率保持在35%	SNCR（脱除效率65%）	2030年全面采用SNCR
	PM$_{2.5}$	静电除尘和袋式除尘（减排效率低于90%）	袋式除尘加装率从2010年的60%提高到2030年的70%	袋式除尘（脱除效率99%）	2030年全面采用袋式除尘
民用	SO$_2$	选用型煤和低污染煤炉		民用低污染煤炉（减排60%）	
	PM$_{2.5}$	选用型煤、低污染煤炉和提高生物质灶效率（减排约40%）	在农村居民中推广民用低污染煤炉和低排生物质灶	民用低污染煤炉（减排70%）节柴低排生物质灶（减排70%）	主要在农村居民中推广民用低污染煤炉和节柴低排生物质灶
机动车	NO$_X$	2030年完成升级到欧四欧五排放标准,加快淘汰黄标车和旧废车辆,加大推广新能源汽车		欧六排放标准（减排80%）	2030年排放标准从欧五升级到欧六
	PM$_{2.5}$			欧六排放标准（减排66%）	
其他工业（玻璃/砖瓦等）	SO$_2$	平板玻璃生产的FGD技术应用比例2030年达到30%;SCR脱硝技术在玻璃行业2030年比例达到12%;此外富氧燃烧技术进一步推广		FGD技术在非金属行业应用比例提高,如在平板玻璃生产行业2030年推广到80%以上	

5.1.3 DDP 情景

DDP 情景的目的在于通过强化上游的节能与燃料替代,与参考情景在能源使用的技术进步、电力生产结构优化、各类发电技术效率提高,以及交通和建筑部门的能源消费结构优化和技术改进等方面的模型设定进行对比。例如,能源技术效率进一步提高。钢铁、水泥等高耗能部门到 2020 年全面淘汰落后产能;严格控制煤电发展,重点发展分布式燃气发电,加大水电的开发力度,提高核电发展的增速;降低风电成本,加快陆上和离岸风电建设。进一步加快交通部门的客运技术进步,设定乘用车燃油经济性进一步加强,2030 年后电动汽车大发展,2050 年汽油车比例下降到 30%以下且以混合动力为主;同时,货车燃油经济性进一步提高,2050 年的百千米油耗相比 2010 降低约 40%,燃料电池货车加速发展。DDP 情景进一步加速居民部门建筑技术进步,如天然气供热比例快速增长,使农村居民 2030 年全面淘汰白炽灯,促进 LED 技术的快速发展,以及加速农村非商品能源的替代。主要情景描述及参数特征见表 5.3。

表 5.3 DDP 情景的主要参数和特征

主要参数	持续减排的参考情景	DDP 情景
能源使用技术进步	能源技术效率逐步提高,新技术在未来年份逐年技术根据 IEA 技术展望的效率提高逐年更新	能源技术效率进一步提高。钢铁、水泥等高耗能部门到 2020 年全面淘汰落后产能,合成氨气头比例在 2030 年达到 60%以上,其他工业部门通用节能技术快速发展,工业锅炉燃气逐步替代燃煤
煤电技术	2020 年之后超临界和超超临界技术占比一半以上,IGCC 新增装机速度提高。2030 年后占主要份额	严格控制煤电发展,2020 年后除热电联产和 CCS 外不再新增煤电装机
天然气发电技术	2015 年和 2020 年大型天然气发电规划容量达到 3 000 万千瓦和 4 000 万千瓦以上。2030 年 NGCC 技术新增装机占主要比例	依托燃气管网,重点发展分布式燃气发电,2030 年规划容量达到 2 亿千瓦,2050 年达到 3.5 亿千瓦
水电利用	2020 年全国水电装机预计达到 3.3 亿千瓦左右,全国水电开发程度为 82%;2030 年全国水电装机容量 4.5 亿千瓦,全国水电基本开发完毕	继续加大水电开发力度,2030 年水电装机容量达到 4.5 亿千瓦,全国水电开发基本完毕
核能发电技术	2020 年规划核电装机规模达到 9 000 万千瓦~1 亿千瓦。核电成本自 2020 年后逐年降低,2050 年约降至 0.23 元/千瓦时	核电快速发展,2030 年达到 1.9 亿千瓦,2050 年达到 3.9 亿千瓦,比持续减排情景增加近一倍
太阳能风能等发电技术	2020 年后增大太阳能新增建设速度,2050 年成本降至 0.32 元/千瓦时;降低风电成本和加大陆上和离岸风电建设,2030 年风电规划装机容量达到 3 亿千瓦以上	降低风电成本和加大陆上和离岸风电建设,2030 年风电装机达到 4 亿千瓦,2050 年达到 12 亿千瓦。光伏和太阳能光热快速发展,2030 和 2050 年装机分别达到 3 亿千瓦和 12 亿千瓦
交通客运技术进步	乘用车燃油经济性 2030 年 0.7 升/万米;纯电动和插电式混合动力车保有量 2020 年达到 500 万辆	乘用车燃油经济性进一步加强,2030 年后电动汽车大发展,2050 年汽油车比例下降到30%以下且以混合动力为主。电动客车和燃料电池客车技术在 2030 年后大发展,成为客车的主要驱动技术

续表

主要参数	持续减排的参考情景	DDP 情景
交通货运技术进步	公路客运货车燃油经济性提高,2050 年的百公里油耗相比 2010 降低约 18%	公路客运货车燃油经济性进一步提高,2050 年的百千米油耗相比 2010 降低约 40%,燃料电池货车加速发展
交通结构调整	推行公共交通和绿色出行;推进 LPG 和 CNG 的燃料替代	通过城市规划和公交系统优化,将交通需求向公共交通转移,通过优化管理及配载方式等手段减少货运物流能耗
居民建筑技术进步	新增燃煤锅炉的效率为 80%,新增燃气锅炉效率 85%,不包括外围护改进和节能管理的效果	天然气供热比例快速增长,加强对现有建筑采暖建筑外围护结构的节能改造。农村居民 2030 年全面淘汰白炽灯,LED 快速发展;进一步加大节电电器的使用;加速农村非商品能源的替代
居民建筑结构调整	天然气供热比例年增长 10%,LED 使用比例增大,2020 年达到 5% 以上;加大节电电器的使用;降低农村非商品能源的使用	灶具、空调、家电等居民用能设备的效率进一步提高,区域供热以燃气为主

资料来源:"十二五"电力发展及规划、《2020 年电力发展规划和展望》、《节能与新能源汽车产业发展规划(2012-2020)》、《中国车用能源展望 2012》、《能源技术展望》、《"十二五"综合交通运输体系规划》、《中国建筑节能年度发展研究报告 2011》、《建筑业发展"十二五"规划》

5.1.4 COC 情景

COC 情景是指从能源结构调整、技术进步和末端控制水平提高等几个方面共同加强,来实现对能源结构的优化和常规污染物排放降低的协同控制。由于 China-MAPLE 模型对于各排放因子的设计是基于工艺技术,因此在政策情景的设置方面,我们分部门从综合政策情景的角度出发,分析能源政策和环境政策共同作用的综合效果,以实现能源和环境的综合系统优化。COC 情景分部门能源结构的调整和技术进步情况和 DDP 情景的能源端一致。在考虑末端控制的严格程度方面和 EPC 情景一致。

5.2 强化末端控制情景

5.2.1 EPC 情景下常规污染物的排放

基于 5.1 节 EPC 情景和参考情景对于末端控制技术效率和普及率的设置,本小节主要讨论在此基础上主要污染物减排的情况。

如图 5.1~图 5.3 所示,从总体上来看,SO_2,NO_X 和一次细颗粒物 $PM_{2.5}$ 的排放在 EPC 情景下快速降低,这说明,我国目前的末端处理技术水平还处在相对落后的阶段,有着较大的减排潜力空间。

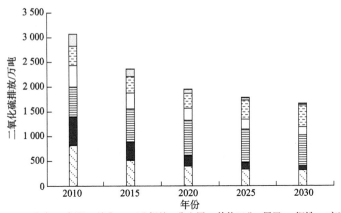

图 5.1　EPC 情景下的 SO_2 排放

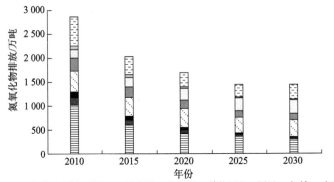

图 5.2　EPC 情景下的 NO_X 排放

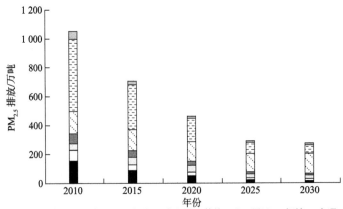

图 5.3　EPC 情景下的 $PM_{2.5}$ 排放

图 5.4 给出了 EPC 情景下,关键年份的 SO_2 排放同参考情景下 SO_2 排放的对比。可以看出,在参考情景下 SO_2 排放先上升而后在 2030 年达峰后开始下降,而在更严格末端的 EPC 情景下的 SO_2 排放从基年开始就大幅度下降。2020 年的排放为 1 489 万吨,比 2010 年水平降低约 51.5%,2030 年在 2010 年基础上削减约 68.1%,约为 982 万吨。与基准情景相比,EPC 情景下的减排幅度更为明显。相对于基准情景,2020 年和 2030 年的减排幅度达到 82.9%和 90.1%。与基准情景相比,SO_2 的减排贡献主要来自电力部门和工业部门,这些部门对 SO_2 减排的贡献率分别为 21%和 73%。

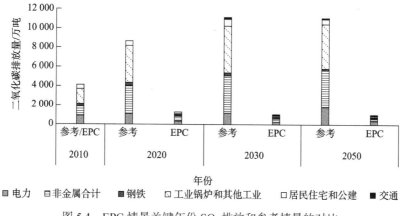

图 5.4 EPC 情景关键年份 SO_2 排放和参考情景的对比

EPC 情景下,NO_X 也实现了明显的减排。2020 年的排放为 1 634 万吨,比 2010 年降低约 42.9%,2030 年在 2010 年基础上削减约 61.4%,约为 1 107 万吨。与基准情景相比,2020 年和 2030 年的减排幅度达到 85.8%和 91.7%。NO_X 的减排主要来自于电力部门、工业部门和交通部门,与基准情景相比,其贡献减排比例分别为 17%、67%和 13%(图 5.5)。

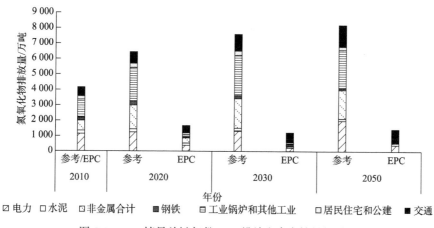

图 5.5 EPC 情景关键年份 NO_X 排放和参考情景的对比

EPC 情景下的 $PM_{2.5}$ 排放得到了较大幅度的削减。与基年相比，2020 年在 2010 年水平上降低了 59.5%，排放 461 万吨，2030 年则相比于 2010 年水平降低了 73.4%，排放 273 万吨（图 5.6）。这与 EPC 情景下平均除尘技术效率的大幅度提高，在主要部门推行更高效的除尘技术，以及除尘设备加装率的提高直接相关。$PM_{2.5}$ 减排的主要部分来自于居民住宅和公共建筑，其贡献了减排的 47%，这和农村居民大量使用低效率的分散式采暖有关。另外工业过程、电力和钢铁及炼焦部门也是主要的来源，在粉尘排放较多的工业行业（如钢铁、炼焦、水泥和砖瓦行业）加强末端除尘技术的使用，可以有效地大幅度降低 $PM_{2.5}$ 排放，一定程度上缓解雾霾频发情况。

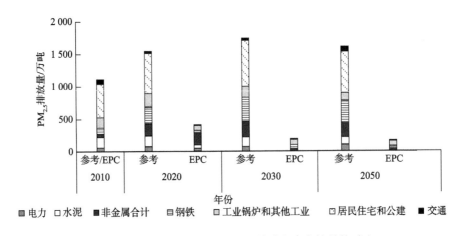

图 5.6　EPC 情景关键年份 $PM_{2.5}$ 排放和参考情景的对比

总的来说，通过推进最为严格的末端处理技术和实施要求，EPC 情景相比参考情景实现了大幅度的减排。相比 2010 年减排幅度最大的是 $PM_{2.5}$，2030 年的排放水平降低为 2010 年的 26.6%；然后是 NO_X，2030 年排放水平降低为 2010 年的 38.7%；最后是 SO_2，2030 年的排放水平降低为 2010 年的约 31.9%。

严格末端情景的分析表明，我国目前的末端控制技术水平较低，使我国常规污染物减排仍然存在较大的减排潜力。但即使是在最为严格的末端处理技术及措施下，2030 年主要空气污染物的排放仍然难以达到空气质量全面达到二级质量标准的要求。根据《中国与新气候经济》研究报告的模拟结果，为使得我国主要城市空气质量全面达到二级标准，与 2010 年相比，2030 年全国 SO_2、NO_X 和一次细颗粒物 $PM_{2.5}$ 的排放要比 2010 年的削减 80% 以上。而本章研究表明，仅依靠严格的末端处理措施，SO_2、NO_X 和 $PM_{2.5}$ 在 2010 年水平上的削减率仅能达到 68.1%、61.4% 和 73.4%，无法达到 2030 年主要城市空气质量全面达标的要求。

5.2.2 EPC 情景下各部门对污染物减排的贡献

本节主要分部门介绍污染物的排放和减排情况，各部门对于不同污染物减排的力度和贡献不同，这和不同部门燃料消耗类型和目前的末端处理水平密切相关。

从不同部门的减排贡献上来看，关键年份各部门对污染物减排的贡献比率总结在图 5.7~图 5.9 中，本节所指的减排量均指在各年份 EPC 情景相对于参考情景的减排量。

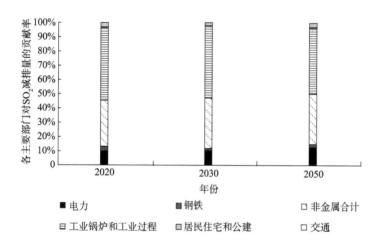

图 5.7　各主要部门对 SO_2 减排量的贡献率

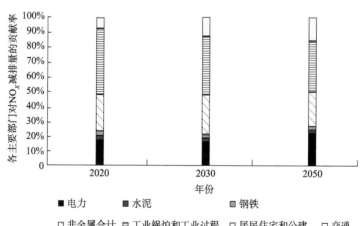

图 5.8　各主要部门对 NO_X 减排量的贡献率

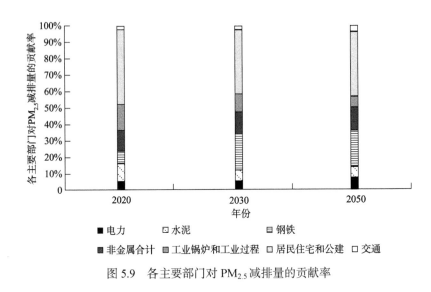

图 5.9 各主要部门对 $PM_{2.5}$ 减排量的贡献率

首先对于 SO_2 减排而言，如图 5.7 所示，工业部门，尤其是工业锅炉和其他工业（包括钢铁及水泥外的其他工业部门）对减排量的贡献最大，2020 年工业锅炉和其他工业对总 SO_2 减排量的贡献达到 53%，在 2030 年贡献 51%，由于末端控制技术的推广在 2030 年后基本达到极限，进一步减排的空间较小，2050 年贡献率下降到 47%，但仍是最重要的 SO_2 减排来源。而如果考虑钢铁及水泥等部门的减排贡献，工业部门对 SO_2 的减排贡献在 80%~90%。工业部门贡献占比较高的原因是基年末端控制的水平较低，如钢铁部门的炼焦环节在 2010 年脱硫的比例仅有 10%，且脱硫效率仅有 45%。而电力部门对 SO_2 未来减排量的贡献虽然仅次于工业部门，但 2020 年和 2030 年电力部门对减排量的贡献仅为约 10%，2050 年由于工业部门贡献率的下降，电力部门贡献率增加到 15%。建筑部门由于来自大型热电联产的供暖归类在电力和热力部门，基于本地分散供暖的 SO_2 排放贡献较少。因此，在未来 SO_2 减排中，深入挖掘工业部门，尤其是工业锅炉及非金属部门的减排潜力，提高能源利用效率和末端控制技术水平，能有效地降低 SO_2 在未来年份的排放。

从各部门对 NO_X 未来减排量的贡献率来看，首先整体分布上由于污染排放的同源性，其主要贡献部门和 SO_2 减排的贡献部门分布较为一致。例如，工业锅炉和其他工业部门、非金属部门和电力部门仍然构成最主要的贡献部门。但是从部门所占比例来看，工业部门（包括工业锅炉、非金属、水泥、钢铁、工业锅炉及其他工业部门）的减排贡献较 SO_2 减排的贡献比例略低，2020 年的贡献率为 74%，2030 年下降到 71%，2050 年进一步下降至 60%；电力部门对 NO_X 未来减排量的贡献比例增加，从 2020 年和 2030 年的 17% 上升到 2050 年的 24%。交通部门对 NO_X 减排量的贡献较为显著，且随着未来交通能源消费占比的增加，交通部门对 NO_X 减排的贡献也不断提高。2020 年交通部门减排 NO_X 的贡献率约 9%，在

2030 年增长到 12%，2050 年则增加到 15%。因此，同 SO_2 减排潜力的分析一致，NO_X 减排的主要潜力同样来自工业部门，特别是工业锅炉、非金属和其他工业部门，由于这些部门目前氮氧化物的排放基本上不做控制，因此未来减排的潜力较大。同时，未来的 NO_X 减排也不应忽视电力部门 NO_X 终端脱除设备的进一步推广和管理改进，并大力推行交通部门排放标准升级。

图 5.9 给出了主要部门对于未来 $PM_{2.5}$ 减排量的贡献率变化趋势，和 SO_2 及 NO_X 的结果有较大区别。居民部门对未来 $PM_{2.5}$ 减排的贡献比例最大，2020 年约占全部减排量的 46%，2030 年这一比例降到 40%左右，之后一直保持该水平。EPC 情景下，居民部门分散采暖的散煤燃烧开始推广低排污系数的燃煤锅炉，生物质等非商品能源的燃烧逐步采用节能灶，这样的控制措施使居民部门尤其是农村居民的 $PM_{2.5}$ 排放迅速降低。即使居民部门存在较大的减排贡献率，在未来 $PM_{2.5}$ 减排中，工业和电力部门仍然是最主要的减排贡献来源。工业部门减排潜力的比例从 2020 年的 47%增加到 2030 年和 2050 年的 53%和 49%。因此，减排 $PM_{2.5}$ 的主要潜力除工业部门外主要是居民部门，特别是农村居民部门分散采暖的细颗粒物排放。未来应当进一步在农村推广使用低污染燃煤炉和节能生物质灶，同时加强对工业部门和电力部门除尘设备的改进和投用的监管力度。在 EPC 情景下，各行业在 2010 年的基础上减排降低的比率列述在表 5.4 中。减排潜力较大的部门包括水泥、工业锅炉和其他工业，以及居民和交通。

表 5.4　EPC 情景下 2030 年相对于 2010 年排放降低的比例

部门	SO_2	NO_X	$PM_{2.5}$
电力	91.4%	92.3%	98.7%
水泥	90.0%	82.8%	99.3%
工业锅炉	75.2%	81.5%	96.6%
非金属	84.2%	81.5%	90.2%
其他工业	84.2%	81.5%	90.2%
居民	30.0%	10.0%	89.1%
钢铁	92.3%	92.5%	93.3%
交通	10.0%	70.0%	70.0%
全部门水平	68.1%	61.3%	73.4%
达标水平	80.0%	80.0%	80.0%

基于 EPC 情景的分析可知虽然电力是我国能源消耗的主要部门，但由于电力部门具备较高的末端处理水平，并不是未来我国控制 SO_2、NO_X 和烟粉尘的重点

部门。而工业中的其他部门及居民部门虽然其能源消费仅占一次能源消费的27%，但其 SO_2、NO_X 及 $PM_{2.5}$ 的排放分别占到了 2010 年总排放的 53%、46%和 63%。

EPC 情景的分析表明即便在最为严格的末端治理水平下，仍然仅有 $PM_{2.5}$ 接近减排目标，而 NO_X 及 SO_2 则均未达到空气质量达标所需的比基年减排 80%左右的要求。该减排比例是由能源政策分析模型和空气质量模型对接后得出的结果。因此，全面实现我国主要城市空气质量达标，一方面需要在目前末端控制技术较落后的情况下大力推进末端控制技术的进步；另一方面，仅依靠强化末端控制是无法达到空气质量达标的要求的。经济结构调整、技术进步和能源结构优化对于污染物的进一步减排有着不可忽视的作用。要实现 2030 年空气质量全面达标的要求，必须将末端治理和源头控制措施有效结合。

5.2.3 本节小结

本节主要介绍 EPC 情景下主要常规污染物的减排情况。在 EPC 情景下，2030 年 SO_2、NO_X 及一次细颗粒物的排放比基准情景下降了 90.1%、91.7%和 85.7%，比 2010 年下降了 68.1%、61.3%和 73.4%。

通过加强末端处理措施可以有效控制常规污染物的排放，显著改善空气质量。但一方面 EPC 情景假设了 BAT 的全面推广和排放标准的严格执行，这对技术和管理均提出了相当高的要求；另一方面即便是在如此严苛的技术和管理要求下，污染物排放的下降仍然难以达到空气质量全面改善的要求。因此单独依靠末端治理措施无法实现我国空气质量的全面达标，必须结合末端治理和源头控制的协同增效。

5.3 深度碳减排情景

5.3.1 一次能源消费的改善

DDP 情景下，能源消费的总量明显减少，2030 年一次能源总需求量从参考情景的 61.2 亿吨标准煤降到 DDP 情景的 58.6 亿吨标准煤，能源需求量减少约 2.6 亿吨标准煤。2050 年一次能源总需求量从参考情景的 72.9 亿吨标准煤降到 DDP 情景的 61.7 亿吨标准煤，能源需求量减少 11.2 亿吨标准煤（图 5.10）。

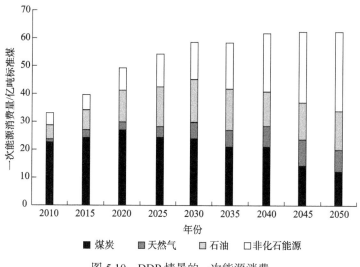

图 5.10 DDP 情景的一次能源消费

从一次能源构成上来看，DDP 情景的化石能源需求比例下降，其中煤炭的消费在总一次能源消费中的比例在 2030 年从参考情景的 48%降至 DDP 情景的 40%，减少了 8 个百分点；2050 年进一步从参考情景的 45%降到 DDP 情景的 20%，降低了 25 个百分点。石油的消费在总一次能源消费的比例也同样下降，2050 年从参考情景的 26%降至 DDP 情景的 22%，2030~2050 年平均减少 3~4 个百分点。天然气的消费在总一次能源消费中的比例明显增加，在 2030 年从参考情景的 7%增长到 DDP 情景的 10%，提高了 3 个百分点；2050 年进一步从参考情景的 9%提高到 DDP 情景的 13%，增加了 4 个百分点（图 5.11）。

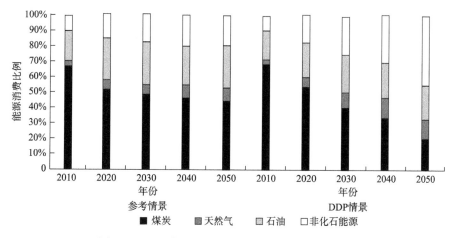

图 5.11 DDP 情景和参考情景的一次能源构成对比

在深度减排情景下，非化石能源消费比例明显增加，在 2030 年从参考情景的 18%增加至 DDP 情景的 25%，比例升高了 7%；2050 年比例进一步从参考情景的 20%增长到 DDP 情景的 45%，比例提高 25%。这主要是由于在 DDP 情景下，电力部门中的非化石能源装机和发电量均比参考情景下得到很大提高，下节着重分析 DDP 情景下电力部门装机及发电构成的变化。

5.3.2 电力生产结构的优化

首先从总发电量来看，DDP 情景的发电量由 2010 年的 4 006 太瓦时增加到 2030 年的 8 691 太瓦时，比参考情景总用电量减少 512 太瓦时；2050 年 DDP 情景下发电量增长到 11 335 太瓦时，相对参考情景总用电量减少 2 029 太瓦时（图 5.12）。

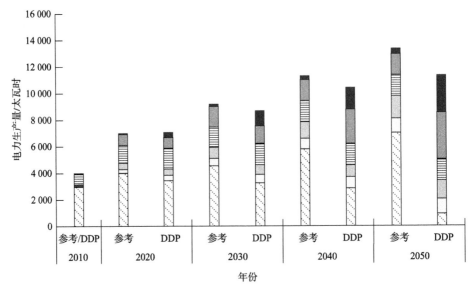

图 5.12 DDP 情景和参考情景电力生产总量对比

从电力生产结构来看，DDP 情景的发电结构中，煤电所占比重较参考情景较低，2030 年煤电比重为 38%，比参考情景低 11 个百分点；可再生能源发电比例明显提高，煤电降低的 11 个百分点中，天然气发电贡献约 1.3%，水电和核电共贡献 1.8%，风电和太阳能发电共贡献 7.9%（图 5.13）。

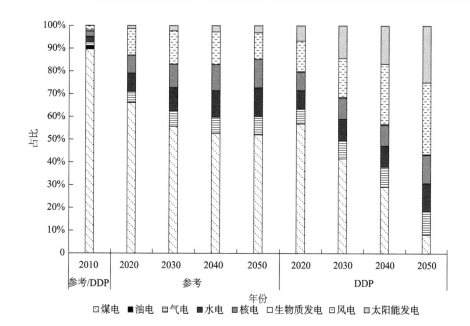

图 5.13　DDP 情景和参考情景电力生产结构对比

由于用电需求的降低,DDP 情景下人均用电量在 2050 年约为 8 154 千瓦时,比参考情景降低了 15.4%(表 5.5)。电力的消费主要是工业部门和建筑部门,其中 2030 年工业部门电力消费占总消费的 55%,2050 年这一比例降低到 43%。这一消费结构和参考情景是一致的,电力部门总体的消费结构和参考情景一致的情况下,电力生产结构得到了明显的改善,火力发电尤其是煤电的发展得到了合理控制。

表 5.5　人均用电量对比　　　　　　　　　单位:千瓦时

情景分类	2010 年	2020 年	2030 年	2040 年	2050 年
参考情景	2 945	4 473	6 550	8 299	9 640
DDP 情景	2 945	4 306	5 912	7 285	8 154

非化石能源比例增加存在的一个问题是高比例的可再生能源能否满足电力系统的调度要求。从电源的出力特性来看,各类型的电源中,可用于调度的电源主要包括以下五种:常规水电、抽水蓄能、火力发电、集中式气电以及太阳能光热,统称为可调度电源,这类电源除了常规的发电作业,还需根据负荷曲线灵活调节发电出力,以满足电力系统的需要。因此,可调度电源对于整个电力系统的安全和稳定是至关重要的。在 DDP 情景下,2020~2050 年,随着新能源的不断发

展,其比重不断上升,可调度电源的比重逐年下降。2020年可调度电源在总发电量所占比重为53.5%,到2030年下降至47.2%,2050年下降至37%。比较丹麦、德国、瑞典和芬兰四个欧洲国家可调度电源占发电量的比重情况,从2012年的水平来看,除了德国,其余3个国家其可调度电源发电量的比重均低于50%,最低是丹麦的48.08%。这就说明,根据目前的技术水平,50%左右的可调度电源水平是可以接受的,而未来如果需要进一步提高大规模可再生能源电源的接入,相应的技术支撑是十分必要的,智能电网的发展就为可再生能源电源的接入提供了一个良好的平台。

5.3.3 二氧化碳排放

首先,DDP情景下,二氧化碳排放在2030年达峰,之后逐年降低,并且实现明显的总量减排,与基准情景相比2030年二氧化碳减排总量达到约13亿吨,从参考情景下的118.84亿吨减排到105.77亿吨,二氧化碳排放下降了11%(表5.6)。

表5.6 能源相关的二氧化碳排放总量对比 单位:亿吨

情景分类	2010年	2015年	2020年	2025年	2030年	2035年	2040年	2045年	2050年
参考情景	78.36	89.32	108.77	112.15	118.84	122.59	128.74	133.49	139.09
DDP情景	78.36	89.46	104.37	105.42	105.77	99.65	99.63	85.69	77.02

在DDP情景下,2010~2030年平均增长率1.5%,比参考情景的年增长率低了0.6个百分点;2030达峰后DDP情景下,2030~2050年平均下降率约1.57%,比参考情景的年下降率高了0.8个百分点。DDP情景下单位GDP的排放强度明显降低,2030年碳排放强度比参考情景降低了12.3%,2050年碳排放强度比参考情景降低了43.1%。

从二氧化碳排放的部门分布上来看,电力部门的排放比例明显减少,DDP情景下,2030年电力部门排放所占比例比参考情景低了约11个百分点,交通部门和建筑部门的排放占比相对提高,2030年比参考情景分别提高约3%和4%。这和电力部门发电结构的改善有关,也体现了与电力部门的比较,交通和建筑部门的减排成本相对较高,这一点从第6章边际减排成本曲线的分析中也可以得到印证(图5.14)。

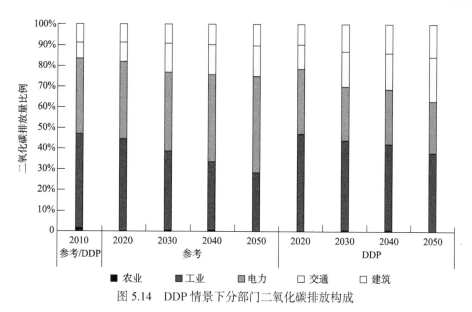

图 5.14 DDP 情景下分部门二氧化碳排放构成

从分部门的实际排放量上来看，DDP 情景对各部门的碳减排效果明显。具体来看，随着主要高耗能成品需求在 2020 年左右达峰，工业部门排放在 2020 也将达到峰值，约为 46.3 亿吨 CO_2。2020~2050 年的二氧化碳排放与参考情景相比分别降低了 1.38%、2.71%、6.52%和 11.35%。建筑部门达峰年份从 2040 年提前到了 2030 年，2020~2050 年的二氧化碳排放与参考情景相比分别降低了 2.92%、5.52%、15.41%和 24.98%。2030 年后减排效果明显，2050 年排放比参考情景的排放降低了将近四分之一。

交通部门在强化减排情景下实现了在 2040 年排放达峰，相比于参考情景下交通部门碳排放持续增长的情况，更严格的燃油经济性排放标准和更积极的电动车及混合动力车型推广等措施将有望将交通部门的二氧化碳排放在 2040 年后进一步降低，2050 年的二氧化碳排放与参考情景相比降低了 33.05%，接近三分之一。

电力生产部门减排效果显著，参考情景下，电力部门二氧化碳排放持续增长；而强化减排情景下，将在 2020 年提前达到排放峰值，约 31.07 亿吨，之后逐年降低。2020~2050 年的二氧化碳排放与参考情景相比分别降低了 4.19%、33.57%、48.80%和 82.13%。这和 2020 年之后我国电力部门结构优化，尤其是可再生能源使用比例的提高直接相关。

5.3.4 污染物排放及部门贡献

DDP 情景由于能源系统有显著的改善，相对于参考情景的常规污染物排放量也有相应的减少。为了考查因能源结构调整和能源使用效率提高带来的减排量及主要构成部门，进而得出各部门仅因为源头改善的几种典型污染物的减排潜力，我们在对比DDP情景和参考情景时排除掉污染物末端控制技术的影响，以典型污染物能源相关的直接产生量为研究对象。

典型污染的产生量在DDP情景下总量明显减少，2030年SO_2污染物排放相对于参考情景减少14个百分点，NO_X产生量相对于参考情景减少17.9个百分点，$PM_{2.5}$产生量则减少8.15个百分点。总的来讲，不考虑末端控制的情况下，能源结构的调整和能源效率的提高对污染物的产生量有降低效果。

对于减少的这部分产生量，不同部门基于本部门的能源优化，对减排量有着不同的贡献率。以减排量为研究对象，分析各部门对于减排量变化量的贡献，有助于我们发现哪些部门的技术改进和结构调整是污染物排放的重点关注部门，并且存在有效的减排效果（图5.15~图5.17）。

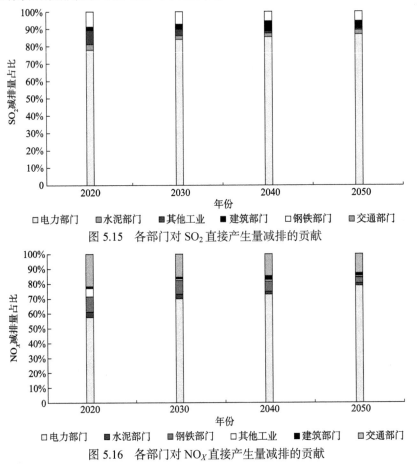

图 5.15　各部门对 SO_2 直接产生量减排的贡献

图 5.16　各部门对 NO_X 直接产生量减排的贡献

对 NO_X 的产生量减少的贡献比例最大的仍然是电力部门，且该贡献比率不断增加，从 2020 年的 58%增加到 2050 年的 79%。钢铁和其他工业的贡献率逐渐降低，从 2020 年的 10%和 5%，分别降低到 2050 年的 4%和 1%。不可忽视的是交通部门对NO_X减排的贡献，在 2020 年占到 20%，随着 2030 年后燃油经济性标准升级逐渐完成，减排的空间开始减少，这一贡献率呈下降趋势，但在 2050 年仍然有约 13%的贡献率。减少NO_X的直接产生量，仍然要从电力部门和钢铁部门的技术进步及结构调整着力，但是仍应关注交通部门对于减排量的贡献，燃油经济性标准的升级和道路交通新技术车型比例的提高对NO_X的减排有着不可忽视的积极影响。

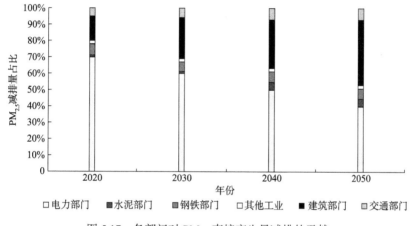

图 5.17 各部门对 $PM_{2.5}$ 直接产生量减排的贡献

$PM_{2.5}$减排量的部门贡献构成和以上两种污染物略有不同，对于减排的变化量，电力部门仍然在 2040 年之前占据主要的贡献比例，但这一比例逐渐减少。随着建筑部门的能效改善，对于$PM_{2.5}$减排的贡献率逐渐提高，从 2020 年的 15%增加到 2030 年的 25%，进一步增加到 2050 年的 40%。这主要是由于：①电力部门的技术改进空间有限，在 2030 年后能源改善的潜力已经比较有限，进一步从能源端对污染物的直接产生量实现大量减排的可能性降低，而建筑部门能效提高的空间较大，且是在逐年逐步提高，未来对于 $PM_{2.5}$ 减排的贡献较大。②建筑部门在 $PM_{2.5}$ 排放总量上是占比最大的部门，能效的改善能从较大程度上影响产生量的变化。

总之，对污染物排放的减少可以从源头控制的角度看到明显效果。不同部门对于污染物产生量的减少贡献率不同，着力于哪个部门的能效改善取决于更关注哪种污染物的源头控制排放。例如，关注交通部门和建筑部门分别对改善 NO_X 和 $PM_{2.5}$ 的产生量有积极的意义。即使是未来结构调整和能效大幅提高空间有限的电力部门和工业部门，在中短期内（10~20 年）的减排效果也是明显的。因此，除了关注末端控制水平的提高，也不能忽视在源头对污染物产生量的控制，这在中短期也是有积极减排效果的。

5.4 协同控制情景

本节在前两节情景分析对比的基础上引入 COC 情景，分析同时进行源头控制和末端控制的情况下，污染物的减排情况。COC 情景采取 DDP 情景对能源系统优化的强化设置和 EPC 情景对末端控制水平的强化设置。本节主要对比四种情景下污染物的减排效果，分析 COC 情景与 EPC 情景相比，因源头控制而增加的减排量，不同部门对减排量的贡献，以及在此情景下我国是否能够实现空气质量全面达标。最后分析不同部门在不同污染物的减排上，能源系统优化和末端控制分别贡献的比例。

5.4.1 四种情景下的减排效果对比

首先分析污染物减排的总量，我们将四种情景的减排效果进行简单对比。参考情景下二氧化硫的排放峰值在 2040 年，DDP 情景下峰值提前到 2030 年；EPC 情景和 COC 情景下二氧化硫在计算年份均实现了有效减排，后者的减排幅度较大，在 2030 年约比 EPC 情景增加减排 10.8%。DDP 情景比参考情景的二氧化硫总量排放相对于基年的增加率明显降低，这是由于在 DDP 情景下由于能源系统的优化，二氧化硫的产生量明显降低，2030 年二氧化硫的产生率相比于参考情景降低了 14.1%。分部门来看，电力部门、工业锅炉和其他工业部门的减排是 DDP 和 COC 情景下二氧化硫的产生量降低，排放量相对于"参考和DDP"情景减少的主要原因（图 5.18）。

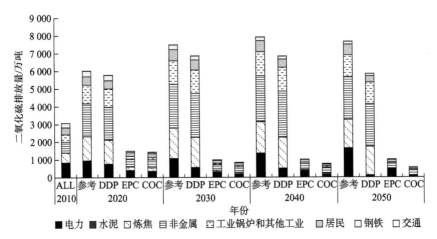

图 5.18 二氧化硫排放的情景对比

氮氧化物不同情景间的差别较二氧化硫减排来说更为显著。参考情景下，氮氧化物的排放呈持续增长趋势，DDP 情景下峰值出现在 2030 年；EPC 情景和 COC 情景下氮氧化物在计算年份均实现了有效减排，后者的减排幅度比 EPC 情景增加了约 15.6%。DDP 情景比参考情景下的氮氧化物排放总量相对于基年的增加率明显降低，这是由于下氮氧化物的产生量明显降低，2030 年氮氧化物的产生率相比于参考情景降低了 17.9%。分部门来看，交通部门能源结构的改善，电力部门和工业生产直接排放的降低，是实现减排的主要原因（图 5.19）。

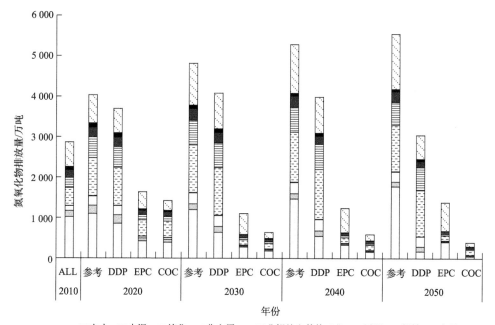

图 5.19 氮氧化物排放的情景对比

$PM_{2.5}$ 在各情景下减排的差别是最显著的。参考情景下 $PM_{2.5}$ 的排放呈持续降低趋势，DDP 情景下的下降趋势更为明显；EPC 情景和 COC 情景下 $PM_{2.5}$ 在计算年份均实现了有效减排，后者的减排幅度比 EPC 情景增加了约 7.92%。DDP 情景比参考情景下的 $PM_{2.5}$ 排放总量相对于基年的增加率明显降低，这是由于 DDP 情景下 $PM_{2.5}$ 的产生量明显降低，2030 年 $PM_{2.5}$ 的产生率相比于持续减排情景降低了 8.15%。分部门来看，不可忽视地，居民部门能源结构的改善对 $PM_{2.5}$ 的减排贡献最大，工业部门尤其是钢铁部门直接排放的降低也对 $PM_{2.5}$ 排放有较大影响（图 5.20）。

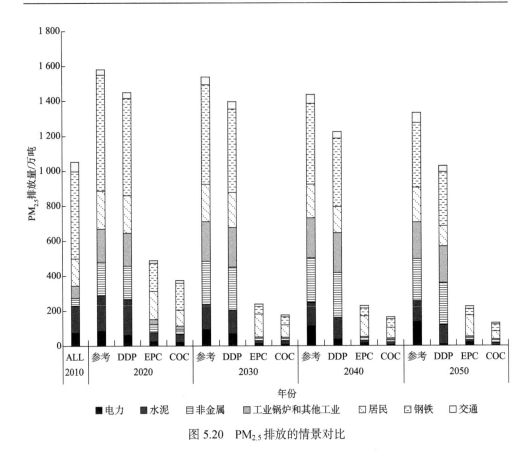

图 5.20 PM$_{2.5}$ 排放的情景对比

5.4.2 COC 情景的减排效果

COC 情景下，2030 年的 SO$_2$、NO$_X$ 排放量及 PM$_{2.5}$ 的排放量分别降为 2010 年的 21.15%、22.44%和 16.68%，和全面实现空气质量达标主要污染物减排 80%的要求基本持平，因此在 COC 的情景下，综合上游能源系统优化和下游的末端治理措施，我国有望在 2030 年实现主要城市空气质量全面达标的目标。

COC 情景下包含了强化的碳减排政策和强化的末端控制技术，基于末端控制的情景下 2030 年的 SO$_2$、NO$_X$ 及 PM$_{2.5}$ 排放量分别是 2010 年的 31.96%、38.63%和 26.59%。末端控制对于实现 2030 年目标的贡献率在 69%~76%。COC 情景与 EPC 情景下的主要污染物排放的对比情况在图 5.21 中给出。COC 情景下 2030 年 SO$_2$ 排放总量比 EPC 情景进一步减少了 138.9 万吨。2030 年 NO$_X$ 排放总量比 EPC 情景进一步降低了 462.1 万吨，PM$_{2.5}$ 排放总量比 EPC 情景减少了 61.1 万吨。

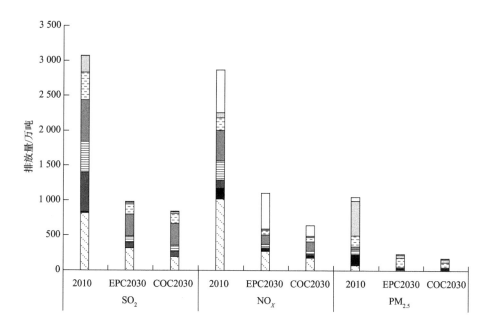

图 5.21 2030 年 COC 情景与 EPC 情景下主要排放量的对比

分部门来看，SO_2 减排量主要来自于工业部门和电力部门，NO_X 的减排量主要来自于工业部门、电力部门和交通部门，$PM_{2.5}$ 的减排量主要来自于居民部门、工业部门和电力部门，其中居民部门中的减排主要是由于农村居民能源结构的改善。

5.4.3 COC 情景下各部门对减排量的贡献率

着重分析 COC 情景，从排放总量上来看，COC 情景下 2020 年 SO_2 排放总量为 1 425 万吨，比参考情景减少了 4 593 万吨；2030 年 SO_2 排放总量为 843 万吨，比参考情景减少了 6 649 万吨。2020 年 NO_X 排放总量为 1 421 万吨，比参考情景减少了 2 615 万吨；2030 年 NO_X 排放总量为 643 万吨，比参考情景减少了 4 171 万吨。2020 年 $PM_{2.5}$ 排放总量为 374 万吨，比参考情景减少了 677 万吨；2030 年 $PM_{2.5}$ 排放总量为 176 万吨，比参考情景减少了 1 361 万吨。

在相对于参考情景减少的排放量上，各部门的贡献率不同，图 5.22~图 5.24 为各个部门对 COC 情景相对于参考情景的减排量的贡献率，这个比例同时考虑了能源系统的优化和末端控制水平的提高。综合来看，对于 SO_2 的减排贡献较多的是电力部门，2030 年贡献率约 32%。此外，工业部门的减排贡献仍然显著，其中钢铁和其他工业部门排放共约 40%。建筑部门的贡献率约为 7%。COC 情景下各部门对 NO_X 减排量的贡献最大的仍然是电力部门和工业部门，其中在工业部门中非金属减排的贡献最大。2030 年电力部门的贡献比率约为 25%，非金属贡献率为 24%，钢铁和其他工业产品减排贡献率约为 22%。交通部门对 COC 情景下的 NO_X 减排贡献率约为 20%。

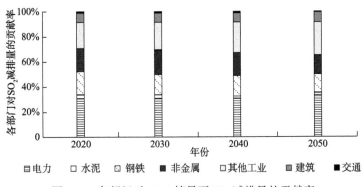

图 5.22　各部门对 COC 情景下 SO_2 减排量的贡献率

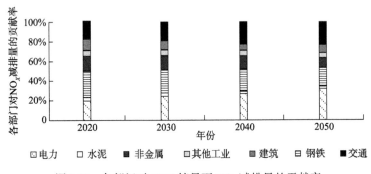

图 5.23　各部门对 COC 情景下 NO_X 减排量的贡献率

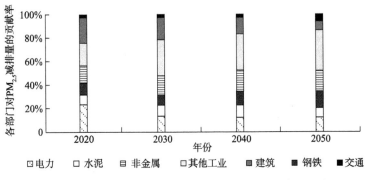

图 5.24　各部门对 COC 情景下 $PM_{2.5}$ 减排量的贡献比例率

COC 情景下 $PM_{2.5}$ 相对于参考情景的减排主要来自于建筑部门、工业部门和电力部门的贡献。建筑部门在 2030 年的贡献率约为 31%，工业部门中钢铁对减排量的贡献约为 19%，水泥行业对 $PM_{2.5}$ 减排量的贡献约为 9%。这和行业的能效水平以及除尘设备的使用情况相关，建筑部门在 $PM_{2.5}$ 总排放的构成中占比最大，对减排量的贡献不可忽视，同时加强工业部门，尤其是高耗能部门颗粒物排放的控制，以及除尘设备使用情况的监管，有望实现 COC 情景所计算的协同控制减排效果。

5.4.4 能源系统优化和末端控制加强对减排效果的贡献

COC 情景综合考虑了能源系统优化和末端控制加强对污染物减排的效果，总的来看，能源系统优化对于污染物减排的效果不可忽视，这在 5.3 节中有具体论述。分部门来看，本小节主要分析各污染物在不同部门分别由于能源系统优化和末端控制加强所带来的减排，进而给出有效的减排途径。

对于污染物减排中发挥关键作用的电力部门，总体来看污染物末端控制加强对减排的贡献率最高，在 60%~80%。但是能源系统优化带来的减排贡献同样不可忽略。分污染物来看，对于 SO_2 的减排，能源端源头控制的贡献在 18%~26%，在 2030 年之前这一比例逐渐升高，在 2030 年比例达到 26%，之后由于结构调整和技术进步的空间有限，源头控制的减排贡献率逐渐降低到 2050 年的 18%。NO_X 的情况和 SO_2 较为类似，源头控制对于减排量的贡献率在 17%~25%，2030 年比例最大。电力部门的 $PM_{2.5}$ 减排由于末端除尘设备的加装率和除尘效率一直保持在较高的水平，因而基于源头控制的贡献率较高，在 25%~40%，且该比率在计算年份呈增高趋势（图 5.25）。

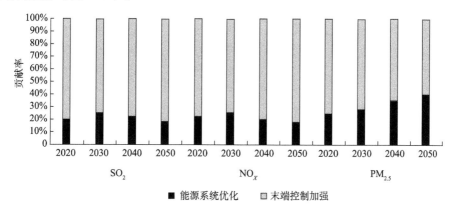

图 5.25 能源系统优化和末端控制加强对电力部门各污染物减排的贡献率

对于在污染物排放总量中占比较大的工业部门，总体来看能源端源头控制对减排的贡献率较电力部门略低，在10%~17%。分污染物来看，能源端源头控制的对SO_2减排的贡献率在计算年为10%~15%，且这一比率逐年缓慢上升。类似地，NO_X的源头控制对减排量的贡献率在12%~17%，比例逐年增加。工业部门的$PM_{2.5}$减排基于源头控制的贡献率与SO_2和NO_X相比较低，计算年的贡献率在4%~15%，但逐年增高的趋势较显著。工业部门的高耗能产品占比较高，一方面，随着不断的技术进步，污染物的产生量得到有效控制，源头控制的占比贡献不断提高，另一方面，由于能效改进空间有限，工业部门的末端控制水平并不理想，还处在较为落后的水平，因此末端控制带来的工业部门的减排量更为显著（图5.26）。

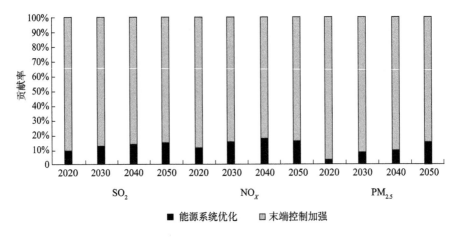

图5.26 能源系统优化和末端控制加强对工业部门各污染物减排的贡献率

由于交通部门在本模型的技术设置，燃油经济性提高和排放标准的升级同时体现在能源系统的优化上，我们很难分开进行研究。这里我们选择终端需求的建筑部门来分析能源系统优化对减排量的贡献。首先，我国建筑部门的能源结构，尤其是居民住宅的能源消费结构及技术效率较低，这导致建筑部门因源头控制的减排贡献率十分显著，并且这一贡献率逐渐提高。分污染物类型来看，$PM_{2.5}$的源头控制效果最为明显，2030年占比38%，2050年上升到54%。SO_2与NO_X的贡献率和增长趋势基本一致，在2030年的贡献率分别达到18%和23%。因此，在建筑部门，进一步推进燃料替代和采暖结构优化，对本部门内部的减排将有显著的效果（图5.27）。

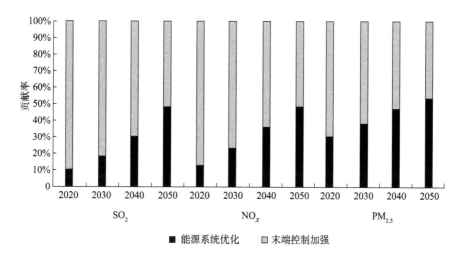

图 5.27　能源系统优化和末端控制加强对建筑部门各污染物减排的贡献率

5.5　本章小结

本章引入了三个主要情景的分析。首先分析了 DDP 情景相对于参考情景下主要能源消费结构和一次能源需求量的变化，以及二氧化碳的减排效果。并且以污染物的产生量为研究对象，考虑由于上游节能及能源结构优化产生的污染物减排效果，及污染物直接产生量的减少在各部门的分配。其次，在引入源头控制和末端治理相结合的 COC 情景之后，我们对比了四种情景下常规污染物的排放及部门构成。对于 COC 情景相对于参考情景的减排量分析了不同部门的贡献，以及分部门估计了基于源头控制对污染物减排的贡献率。

图 5.28 总结了 EPC 和 COC 情景下 2030 年各污染物排放的总减排量及各部门的占比情况。在仅依靠严格末端处理措施的 EPC 情景下，我国在 2030 年无法实现空气质量达标。但在 COC 情景下的 SO_2、NO_X 和 $PM_{2.5}$ 分别降为 2010 年排放水平的 21.15%、22.44% 和 16.68%，此水平和实现全面空气质量达标的目标一致，因此在 COC 情景下，我国有望实现空气质量全面达标。

COC 情景下 SO_2、NO_X 和 $PM_{2.5}$ 排放可以全面达标的主要原因是综合了源头控制和末端治理的手段。由于上游节能和能源结构调整带来的常规污染物减排率分别为：SO2 相比持续减排情景降低 14%，NO_X 相比持续减排情景降低 17.9%，$PM_{2.5}$ 降低 8.51%。比较不同部门末端治理与源头控制措施对污染物排放达标的贡献率可以发现，末端治理措施大致贡献了减排率的 80%，而源头控制则贡献了另外的 20%。虽然这一贡献率在各部门之间各有不同，但总体上是一

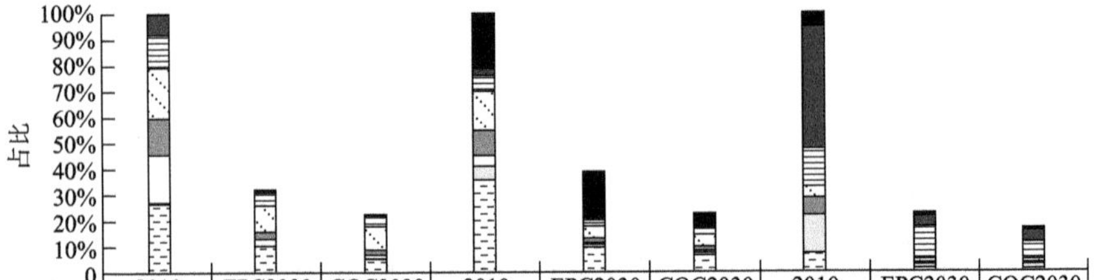

	2010 SO$_2$	EPC2030 SO$_2$	COC2030 SO$_2$	2010 NO$_x$	EPC2030 NO$_x$	COC2030 NO$_x$	2010 PM$_{2.5}$	EPC2030 PM$_{2.5}$	COC2030 PM$_{2.5}$
交通	—	—	—	21%	18%	5%	5%	1%	1%
钢铁	8%	1%	1%	3%	1%	1%	47%	4%	4%
居民	13%	5%	3%	6%	2%	2%	15%	12%	7%
非金属	19%	10%	9%	15%	5%	5%	4%	1%	1%
工业锅炉和工业过程	14%	3%	2%	10%	2%	2%	7%	1%	1%
炼焦	18%	3%	2%	4%	1%	1%	—	—	—
水泥	1%	—	—	5%	1%	1%	15%	1%	2%
电力	27%	10%	5%	36%	10%	6%	7%	1%	1%

图 5.28 EPC 情景和 COC 情景的空气质量达标情况

致的。

另外一个重要的发现是，随着 2030 年末端治理措施 BAT 及普及率的推广达到极限，末端治理措施对减排的贡献比例在下降，而源头控制的贡献比例则在上升。对于建筑部门而言，源头控制的贡献比例甚至已经超过了末端治理措施的贡献率。因此，单独依靠末端治理措施时，常规污染物的减排极限在 2010 年的 30% 左右，如果需要超过这一水平实现进一步减排必须依靠上游的源头控制手段，通过节能和能源替代进一步削减污染物的排放，而随着减排目标的提高，源头控制措施对减排的贡献也将逐渐增加，甚至在某些部门超过末端控制的贡献。

第 6 章 考虑环境效益的边际减排成本

本章以边际减排成本曲线为切入点，对传统的边际减排成本曲线的方法学进行了修正，引入了考虑协同效益的边际减排成本曲线。本章采取两种方法研究了考虑协同效益的边际减排成本曲线。首先，基于自下而上的方法选取水泥部门作为案例进行分析，基于二氧化碳的减排技术分析其带来的协同效益，并对边际减排成本曲线进行了修正。其次，基于本书建立的China-MAPLE模型，建立了我国的二氧化碳减排成本曲线，然后利用模型对二氧化碳减排的环境影响进行了物理量和货币量的估算，并以此为基础对传统的二氧化碳减排边际成本曲线进行了修正。本章主要内容如下：6.1 节为主要协同效益的量化衡量方法；6.2 节和 6.3 节介绍了局部均衡模型中考虑协同效益的方法论，以及考虑了协同效益的边际减排成本曲线产生移动的原理；6.4 节介绍水泥部门的边际减排成本曲线，并对协同效益在分省的层面上进行价值量的估计；6.5 节为全经济部门的边际减排成本曲线的绘制，以及考虑了协同效益之后成本曲线的移动，并分别考虑在参考情景和EPC 情景下曲线的变动。6.6 节为本章小结。

6.1 协同效益的量化衡量

协同效益量化衡量的基本原理是将空气污染物的物理减排量或者其他协同效益转为可货币化的衡量，该衡量的基础建立在一系列的假设和经济性评估的简化基础上。假设社会福利 V 是不同商品或者目标 z_i（$i=1, 2, \cdots, m$）的函数，每一项目标设定会受到相应政策措施 p 的影响，一项政策措施可能会同时影响多项目标，因此假设政策 p_1 带来的边际变化 $\mathrm{d}p_1$，则社会福利影响的方程为

$$dV = \sum_{i=1}^{m} \frac{\partial V}{\partial z_i} \cdot \frac{\partial z_i}{\partial p_1} dp_1 \qquad (6.1)$$

例如，假设 $dp_1 > 0$ 是相应的温室气体减少（设定二氧化碳的排放量上限的情况下）。那么气候减缓政策的"直接"收益主要关于气候目标，如全球平均温度的控制（z_1），海平面上升情况（z_2），促进农业生产力（z_3），丰富生物多样性（z_4），和全球变暖的健康影响效果（z_5）等。而气候政策的"附加协同效益"（广义的"协同效益"）主要包括其他目标，如常规污染物排放量（z_6），能源安全（z_7），劳动力供给和就业（z_8），收入分配（z_9），城市扩张的程度（z_{10}），以及发展中国家经济增长的可持续性（z_{11}）等。这里的福利结果包括所有气候政策的损益分析，从直接的收益中扣除净成本，再加上协同利益的福利效应。

协同效益是由非气候变化的目标决定的（$\partial z_i/\partial p_1$），不考虑社会福利（不乘以$\partial V/\partial z_i$）。而协同效益的"价值"是由社会福利评估的（$\partial V/\partial z_i$），$\partial V/\partial z_i$ 可以是正或负。评估方程中的 dV 主要涉及三个步骤：①确定多重目标的内容和范围（$i=1, 2, \cdots, m$）；②找出所有这些目标的显著影响因子（直接效应和协同效应$\partial z_i/\partial p_1$，$i=1, 2, \cdots, m$）；③评估各目标对于社会福利的影响效果（$\partial V/\partial z_i$ 乘以每项的$\partial z_i/\partial p_1$）。

气候政策有可能从多种途径影响市场和造成协同效益。例如，寡头垄断有可能导致能源价格高于行业的边际成本，如自然资源开采、钢铁和水泥等行业，在这种情况下，气候政策可能会打破这种影响，使社会获得额外的收益。大部分关于协同效益的研究是和局地污染物排放相关。

对应式（6.1）来说，全面地评估气候政策需要全面衡量这些直接的或者间接的效益及成本。例如，如果 SO_2 的外部性已经部分地被税或许可证的价格修正到小于等于边际环境损害（marginal environmental damage，MED），或者每吨二氧化硫的价格等于其边际环境损害，如果气候减缓政策导致少量的 SO_2 减排，那么该协同效益的社会价值就是 0。因此，在考虑协同效益的计算时，协同效益相关的边际总值常常有可能进行恰当的简化。

在考虑税收和外部性的情况下，这一点可以通过式（6.2）进行扩展。

$$dV = \sum_{i=1}^{m} (t_i - \mu_i) \frac{\partial z_i}{\partial p_1} dp_1 \qquad (6.2)$$

其中，μ_i 是第 i 项商品的 MED；t_i 是它的税率（或许可证的价格）。每项商品对福利的影响（$\partial V/\partial z_i$）简化地被（$t_i - \mu_i$）代替。可以直观的理解为，t_i 是买方的社会边际收益减去卖方的成本；外部性 μ_i 是社会边际成本减去卖方的成本。因此，（$t_i - \mu_i$）是社会边际收益减去社会边际成本，也就是社会福利的净收益。当

（$t_i-\mu_i$）等于 0 时，dV 为 0，在这种情况下，意味着福利不能通过任何政策的任何变化加以改进，因此这时的情况称为最佳的策略。如果任何 t_i 不等于 μ_i，那么结果则不是最佳的，也就是可以通过调整政策来提高直接或者间接的社会福利，直至 dV 为 0。虽然公式给出的是静态分析而实际的气候变化是动态的过程，但是公式定义的概念可以用来更好地理解气候减缓行动的影响。在气候政策研究领域，表达边际成本的最直观方式是引入边际减排成本曲线。

6.2 局部均衡模型对外部性的处理：考虑协同效益的边际减排成本曲线

成本效益分析法经常和局部均衡模型结合使用，相比于一般均衡模型，局部均衡模型考虑外部性就会简单和直观得多。如图 6.1（a）所示，考虑额外的空气污染的协同效益，将导致边际损害曲线上移，那么均衡点的减排量将由 q^* 增加到 q'。但是外生的指定目标及边际损害的数值并非是政策制定的主要参考因素，政策参考更多是考虑最小化综合的政策成本。从这个角度来看，空气污染减排带来的协同效益可以更好地反映在对综合的边际减排成本的影响上，如图 6.1（b）所示。由于空气污染减排所带来的避免的损害 MDC_{AQ} 将导致边际减排成本曲线的下移，在达到同等的减排量 q^* 的前提下，单位减排成本将从 p^* 降低到 p'。在局部均衡模型的基础上采取边际减排成本曲线是进行成本-效益分析的有力工具。

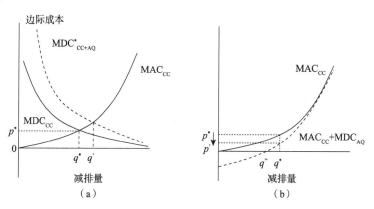

图 6.1 空气污染的协同效益对边际减排成本的影响

大部分边际减排成本分析忽略了减排的协同效益，而协同效益的引入将使初始边际减排成本曲线发生变化，这种变化是由于协同效益将抵消部分减排成本，从而为更严格的减排目标制定提供依据。本章将协同效益分析纳入边际减排成本曲线，并用避免的环境损害成本作为协同效益的量度。式（6.3）表示未考虑环境效益、基于按年进行成本计算的初始 CO_2 边际减排成本。式（6.4）为修正后考虑环境破坏成本的边际成本。

$$\mathrm{EMC}_0 = \frac{I \times q + C_{\mathrm{op}}}{\Delta Q_{\mathrm{CO}_2}} \qquad (6.3)$$

$$\mathrm{EMC}_r = \frac{I \times q + (C_{\mathrm{op}} - \mathrm{MED})}{\Delta Q_{\mathrm{CO}_2}} \qquad (6.4)$$

$$q = \frac{d}{1 - \frac{1}{(1+d)^n}} \qquad (6.5)$$

其中，EMC_0 表示未考虑环境效益的初始边际成本；EMC_r 表示修正后的边际成本。I 是二氧化碳减排技术的投资量；q 是年度计算参数；d 是折旧率；n 是给定减排技术的生命周期；C_{op} 是每年的运营成本；MED 是以货币形式体现的环境破坏。ΔQ_{CO_2} 是选定的二氧化碳减排技术对应的年二氧化碳减排量。

货币化的环境损害可以通过暴露在环境污染物中的超额死亡及其单位价值进行测度。因此，货币化的环境破坏影响可以表征为

$$\mathrm{MED}_{i,j} = N_{i,j} \times \mathrm{VSL}_{i,j} \qquad (6.6)$$

其中，$\mathrm{MED}_{i,j}$ 代表在区域省份 i，污染物 j 造成的环境损害货币化度量；VSL 是生命损失的价值；N 表示持续暴露在空气污染物中导致的超额死亡数量。目前国内尚无非常完整可靠的环境破坏成本评价工具，我们将采用欧洲 ExternE 项目的研究结果，并进行调整。调整将按照如下的两个阶段开展：①基于人口暴露的环境损害调整；②基于收入水平的生命价值调整。采取第一步是因为健康影响与人口密度成正比。第二步可以基于效益转移利用 PPP 代替收入水平。通过上述方法，不同省份的环境损害成本可按式（6.7）计算：

$$\mathrm{MED}_{i,j} = \frac{\mathrm{MED}_{i,\mathrm{EU}} \times D_j \times \mathrm{PPP}_j}{D_{\mathrm{EU}} \times \mathrm{PPP}_{\mathrm{EU}}} \qquad (6.7)$$

其中，$\mathrm{MED}_{i,\mathrm{EU}}$ 代表欧盟的环境破坏成本估值；D_{EU} 是欧盟人口密度；$\mathrm{PPP}_{\mathrm{EU}}$ 代表欧盟人均 PPP。D_j 和 PPP_j 代表省份 j 的人口密度和人均 PPP。

这种方法学与其他研究保持一致。例如，Bollen 等[313]通过涵盖颗粒物排放和西欧与其他地区之间的效益转移，扩展了已经相对完善的 MERGE 模型。Nilsson[314]分析了 GMS 区域环境破坏成本与主要污染物之间的关联。他们扩展了欧盟国家环境破坏成本与人口密度和 GDP PPP 的关系。Zhang 等[78]利用中国山东

的数据作为标杆，评估分析了 2000~2003 年 30 个省份和 6 个经济部门中三种类型火力发电厂产生的环境破坏成本。

6.3 水泥行业的边际减排成本曲线

6.3.1 水泥行业分析

我们选取水泥行业进行案例分析来建立能源消费、减缓气候变化和减少地方空气污染物之间的关联。同时还有一些其他方面的原因促使我们进行这方面的研究。首先，中国的水泥产量几乎占全世界水泥产量的 56%。其次，水泥行业是中国最主要的耗能部门之一，并占据全国 14%的温室气体排放。在 2007 年，中国水泥产量超过 13.5 亿吨，能源和电力消费量分别达到 1.3 亿吨标准煤和 1 400 亿千瓦时[130]。最后，水泥行业伴随着大量的空气污染物排放，其生产过程中排放的大量颗粒物使其成为最大的地方颗粒物排放源。2009 年，水泥行业的颗粒物排放达到359万吨，约占全工业颗粒物排放的30%，接近全国排放总量的 15%[194]。2009 年水泥部门的二氧化硫排放量达到 88 万吨，位居电力行业之后成为第二大排放源。最后，同样重要的是中国自 2011 年已经迈入关键的"十二五"规划时期，中央政府已经制定了至 2015 年，相对 2010 年单位 GDP 碳排放下降 17%的目标。二氧化硫和氮氧化物的排放量应分别下降 10%和 15%。另外，预计至 2015 年，水泥行业氮氧化物的排放将从 170 万吨/年下降至 150 万吨/年，降幅达到 12%以上[242]。中国的高能耗行业应当对这些要求给予及时的关注，采取紧急的行动。因此，协同效益能够与水泥行业中的气候变化政策和减缓技术相链接。

大部分的行业协同效益研究以亚洲发达国家或欧盟国家为基础进行构建[315~336]。对于中国重点耗能行业的研究，以往重点关注减缓气候变化技术和政策[337~340]，近年来的研究逐步地转向关注温室气体和地方层面空气污染物的联合控制[341~350]。

6.3.2 水泥行业主要节能技术选取和协同效益计算

在水泥行业，我们评估了 18 种节能技术来识别中国水泥行业节能减排技术的环境协同效益。通过对我国四川省主要的水泥企业进行问卷调查，得到水泥行业主要的节能减排技术和计算得出的减排潜力及减排成本如表 6.1 所示。

表 6.1 水泥行业 18 种主要节能技术

序号	技术名称	减排潜力 千克二氧化碳/吨熟料	经济效益 元/吨熟料	减排成本 元/吨 CO_2
1	矿山优化开采	1.65	1.65	−1 521.70
2	矿石输送拖动发电系统	1.32	2.96	−777.43
3	生料立磨粉磨技术	9.56	12.52	−613.08
4	生料辊压机粉磨技术	11.95	24.46	−550.06
5	高效分解炉预热器系统	0.98	25.44	−505.35
6	新型高效燃烧器	25.43	50.87	−492.18
7	新型窑尾钢丝胶带提升机	7.71	58.58	−412.36
8	第四代篦冷机技术	13.00	71.58	−337.40
9	辊压机加球磨机联合粉磨系统	2.60	74.18	−311.23
10	纯低温余热发电技术	13.00	87.18	−301.50
11	新型高效烘干技术	1.85	89.03	−292.16
12	高温风机变频技术	2.60	91.63	−273.36
13	水泥生产替代燃料	86.67	178.30	−107.79
14	能耗在线检测和分析管理系统	146.08	324.38	0.53
15	增加预热器级数	8.58	332.96	32.05
16	水泥生产的碳捕集与封存 CCS	933.33	1 266.29	35.89
17	水泥熟料煅烧富氧燃烧技术	7.80	1 274.09	95.79
18	戊烷介质纯低温余热发电技术	3.85	1 277.95	236.10

在 6.1 节提出的方法论基础上，我们初步测算不同空气污染的环境成本。根据 ExternE 项目，空气污染成本占据环境破坏的巨大份额。例如，二氧化硫产生的环境破坏占据总成本的 98%[316]。健康影响可以被视为死亡率和发病率与生命价值的函数。环境影响货币化的基本原则是与当负面影响存在时，受到影响的人为规避负面影响愿意支付的费用或使其愿意忍受负面影响的补贴相匹配。由于中国缺少对"忍受污染而愿意接受的价格"的估测，我们利用人均 GNP PPP 比例将欧盟的数据调整至适用于我国的情况。这种方法也被世界银行用于空气质量的估价研究。调整可行的前提假设是存在愿意接受的价格与真实收入弹性。

我们进一步利用人均 GDP 来估算那些可能由于吸入污染物而死亡的人群"愿

意接受的价格"。人口密度从根本上导致人群暴露于污染物中。我们利用欧盟的平均损害成本作为参考值,并将其调整至符合国内情形。首先,我们扩大平均值以匹配不同省份的人口密度,并参考中国不同省份的收入水平与欧盟平均值的比例做进一步调整。这两步实现的环境影响调整体现为表 6.2 中的下界估计。同时,我们在仅参考人口密度的基础上对健康影响进行调整,从而确定上界估计。欧盟的环境破坏货币估值为 4 581 美元/吨二氧化硫,35 155 美元/吨颗粒物和 4 109 美元/吨氮氧化物。主要省份环境损害值的估算结果如表6.2 所示。

表6.2 主要省份环境损害值估算

区域	人口密度 (人/千米^2)	环境损害影响上界高值/(元/吨)			人均 GDP PPP/元	环境损害影响下界低值/(元/吨)		
		NO_X	SO_2	PM_{10}		NO_X	SO_2	PM_{10}
欧盟平均	134.00	21 084	23 505	180 370	243 455	21 084	23 505	180 370
中国平均	141.34	28 908	32 229	247 324	50 692	6 016	6 710	51 499
北京	1 198.47	245 123	273 283	2 097 181	122 321	123 162	137 309	1 053 700
天津	1 119.50	228 974	255 274	1 958 986	120 720	113 537	126 577	971 379
河北	384.59	78 659	87 697	672 990	48 204	15 574	17 362	133 260
山西	228.55	46 743	52 113	399 940	43 775	8 404	9 371	71 909
内蒙古	21.59	4 416	4 922	37 779	80 280	1 454	1 621	12 460
辽宁	301.18	61 597	68 674	527 023	71 736	18 149	20 237	155 291
吉林	144.15	29 481	32 870	252 239	53 660	6 497	7 244	55 594
黑龙江	85.17	17 422	19 423	149 041	45 990	3 288	3 669	28 154
上海	3 651.54	746 847	832 643	6 389 753	126 757	388 861	433 530	3 326 936
江苏	779.51	159 433	177 749	1 364 055	89 511	58 616	65 353	501 511
福建	302.97	61 964	69 081	530 158	67 854	17 269	19 256	147 761
江西	266.72	54 554	60 817	466 727	36 011	8 071	8 998	69 041
山东	624.93	127 817	142 498	1 093 560	69 468	36 472	40 660	312 029
河南	567.96	116 165	129 511	993 870	41 748	19 917	22 211	170 425
湖北	307.68	62 931	70 162	538 409	47 404	12 253	13 660	104 826
贵州	197.38	40 374	45 009	345 399	22 491	3 729	4 155	31 909
云南	119.84	24 512	27 327	209 705	26 693	2 688	2 995	22 991
西藏	2.50	514	567	4 369	28 694	60	67	514
陕西	181.41	37 105	41 367	317 445	46 083	7 024	7 831	60 090
甘肃	63.22	12 926	14 414	110 622	27 367	1 454	1 621	12 440

不同省份的空气污染物环境影响存在明显差别。对于下界估计而言，颗粒物的全国平均损害成本为 51 499 元/吨，跨度从西藏的 514 元/吨到上海的 3 326 936 元/吨不等。上海市成本水平如此之高的主要原因是，其人口密度达到欧盟水平的 18 倍。二氧化硫不同省份的跨度分别在 677 元/吨~4.34 万元/吨，氮氧化物不同省份的跨度在 60.1 元/吨~38.8 万元/吨，而全国的平均水平依次为二氧化硫 6 016 元/吨和氮氧化物 6 710 元/吨。

对于上界估计，不同省份间的差别更加突出，如颗粒物对健康影响的上界分析在上海和西藏之间相差 1 400 倍，但是当讨论下界估算时这一数值扩大至 6 472 倍。这种差别源自高人口密度省市具备的高人均收入水平。这些省市包括上海、北京和江苏。我们的上界估计是在不进行收入调整的前提下对欧洲的环境损害值实施单位价值量转移。然而，这种方法的适用性受到中国居民不同的社会经济特征和偏好的制约。例如，ExternE 项目研究表明欧盟的生命统计价值为 130 万美元，但是世界银行在对中国的研究中采用了以人民币为结算单位的方法，得到的结果仅为欧盟的 1/8。我们的下界分析是基于带有收入调整的利益转移来进行的，因此，它要比上界估计更合理，更具可比性。在后续的分析中，我们将下界估计值作为影响因子进行计算。

区域差异是协同控制研究中十分重要的因素，因为一方面福利影响由特定点的有关参数予以表征，另一方面，污染物的损害由污染源类型和地理位置决定。环境损害成本的这些变化可能会对地方政府决策者产生影响。对于那些通过污染物协同控制获得较高水平协同效益的省份，当地的政策制定者往往具有追求严格程度高于全国平均水平减排目标的激励。因此，不同地方的政策制定者会实行地域差异明显的减排政策。中国水泥行业存在的地域性差异通过如下的几个方面体现。第一，不同省份 2005~2010 年的水泥产量和增长率存在不同。有 13 个省（自治区、直辖市）的产量年均增长率超过 20%。除天津外，其他 12 个省（自治区、直辖市）都分布在中西部地区，其中 4 个位于西北，3 个位于西南。第二，污染物会在产生的地区产生与碳排放影响差别极大的短期影响。更进一步，人口密度将以人类环境效应的方式影响环境破坏的程度。经济发展程度也会影响收入水平和避免潜在健康影响而愿意支付的价格。

在图 6.2 中绘制了全国各省市人均 GDP、人口强度、水泥产量之间的关系，从而阐明不同省份之间的差异。在这个气泡图中，气泡的大小代表 2010 年水泥产量多少。同时，本章适当地采用对数函数反映人口密度。

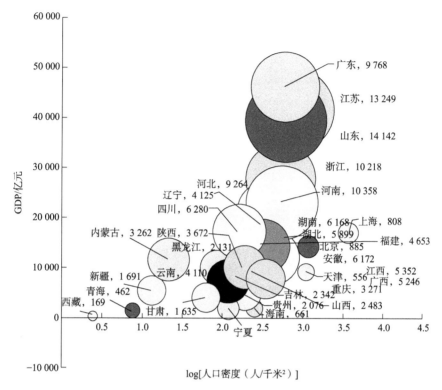

图 6.2　各省地区间差异的气泡图
标签数字为气泡大小,即水泥产量(万吨)

如图 6.2 所示,上海、江苏和山西这些具备较高人口密度和 GDP 的省(直辖市)往往具有较高的水泥产量,而人口密度和 GDP 相对较低的甘肃、青海和宁夏则具有较低的水泥产量。水泥产量与能够影响生产基础设施建设、商用民用建筑建设的经济发展水平和人口数量密切相关。图 6.2 中右上区域的省市由于具有高排放量和环境影响因素而有可能通过实行联合控制策略获取潜在的巨额福利。这些省(自治区、直辖市)包括吉林、河北、江苏、内蒙古、湖北、湖南、上海和北京。

6.3.3　水泥行业边际减排成本曲线与减排技术

边际减排成本曲线体现减排潜力和边际减排成本之间的关系。考虑到环境破坏的外部成本,各省市的边际成本可能有所不同。基于 6.1 节和 6.2 节所述方法学,计算表 6.1 所列的 18 种减排技术在 31 个省市应用的边际减排成本曲线。图 6.3 中仅绘制代表性较强省市的边际减排成本曲线。

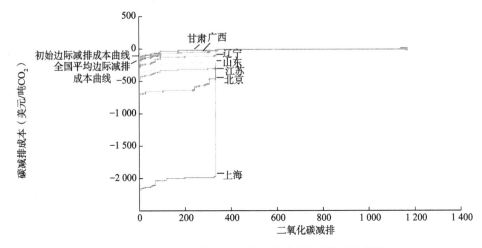

图 6.3　全国主要省份考虑环境损害效益的边际成本曲线

图 6.3 中曲线分别代表初始边际减排成本曲线、修正后的全国平均边际减排成本曲线和典型省市的修正减排成本曲线。对于表 6.1 中的每一种技术，分别计算减排成本和减排潜力。然后，我们将各省市的减排成本按升序排列来创建边际减排成本曲线。当不考虑环境效应时，减排措施的成本明显下降。当不把协同效益考虑在内时，13 种技术的减排成本为负而具备成本有效性。当环境效应货币量化值时，高达 16 种技术具备成本有效性，大部分减排技术的边际成本呈现下降趋势。例如，协同效益补偿显著降低水泥熟料氧化燃料、在线监测分析能源管理系统和戊烷低温热电联产技术的减排成本，使其具有成本有效性。此外，原本排在第 8 位的第四代格栅冷却技术和第 10 位的高校预煅烧加热系统的成本也有显著的下降，调整后的排名分别为第 7 位和第 10 位。伴随省域环境协同效益的引入，减排技术的协同效益以美元/吨二氧化碳减排的形式体现。

这里对计算地方空气污染物环境损害效应过程中的不确定性来源进行说明。避免环境损害带来的正效益估算由于缺少可靠的对国内死亡率和发病率的测算数据而具有极大的不确定性。研究过程中我们使用两种效益转移方法进行上、下界估算，并将下界值作为保守估算值。将来对于地方环境的估值有助于减少这类不确定性。不确定性的另一个来源是将欧盟环境损害估值向国内情况调整的简化办法。这种简化用于应对缺少国内地方反应函数的情形。采用的简化方法可能由于不同程度的污染、年龄分布和背景环境状态而引入不确定性。这种不确定性只能通过越来越多的本地研究来减少。第三种不确定性来自于使用的排放因子。例如，我们针对 31 个省市仅仅计算了化石燃料硫和灰分排放的全国平均水平。由于缺乏各个地区污染物地理分布数据库，这种简化方法只能够让我们获得环境效应外部经济性的粗略估计。

我国水泥行业减排技术协同效益范围为 20.5~263.5 元/吨 CO_2，根据当年汇率对应为 3.07~39.51 美元/吨 CO_2，与其他研究中发达国家水泥行业 2~128 美元/吨 CO_2 的范围保持较高的一致性。考虑到空气污染物减排和关联的环境影响在特定省市中保持一致，节电技术的协同效益与技术类型无关。从表 6.2 中我们可以推断出这样的影响。低温热电联产技术和联合研磨系统是两种不同的节电技术，但是它们具有相同的协同效益水平。对于给定技术而言，其协同效益也会因不同的环境条件和损害因子而在省市间存在差异。对于具备高人口密度和人均收入的省市，二氧化碳减排的协同效益超出其他省份 8 671 元/吨。但是，那些低人口密度和人均收入的省市仅少 578 元/吨。

6.4 全经济部门考虑协同效益的边际减排成本曲线

6.4.1 全经济部门的边际减排成本曲线

边际减排成本曲线是研究温室气体减排成本、技术选择及减排潜力的重要工具。目前以麦肯锡的边际减排成本曲线为代表，已经有相当多的研究对各国的边际减排成本进行了分析。但目前几乎所有边际减排成本的研究都没有包括温室气体减排的协同效益。而研究表明，很多减缓温室气体减排技术也能够减少 NO_X、SO_2 和 PM 的排放，从而降低环境污染、提高公共健康。这些协同效益有利于人类福利，将其引入减排技术评价将改变对减排政策和技术的评估，对决策过程产生重大影响。

如图 6.4 所示，全经济部门原始边际减排成本曲线 $MACC_0$ 绘制中，横轴表示二氧化碳的减排量或减排率，纵轴表示碳的影子价格。我们基于 China-MAPLE 模型对于常规污染物减排带来的物理量的协同效益进行核算，并在 6.1 节方法论的基础上转化为价值量的协同效益，重新绘制考虑协同效益的边际减排成本曲线。例如，二氧化碳减排率 q^* 所对应的影子价格 p^* 将会降低为 p'，原始的减排成本为 $q^* \times p^*$，考虑了协同效益的减排成本降为 $q^* \times p'$，协同效益为 $q^* \times (p^* - p')$，即图中的阴影面积。依次类推，则考虑了协同效益的全经济部门的边际减排成本曲线将整体下移为 $MACC_{CB}$，协同效益对二氧化碳的减排成本有一定的补偿作用。本书采用 Ellerman 和 Criqui 的方法通过在目标年引入碳税对模型进行冲击以获取动态边际减排成本曲线，并利用协同效益对边际减排成本曲线进行修正。

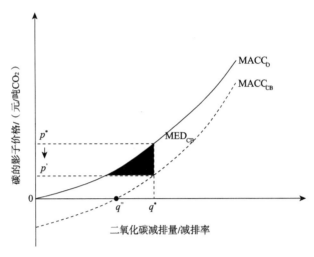

图 6.4 考虑协同效益的边际减排成本曲线

6.4.2 考虑协同效益的边际减排成本曲线

在不同的碳税水平下，2020 年 CO_2 的边际减排成本曲线如图 6.5 所示。根据 6.1 节和 6.2 节的方法论估算此情景下考虑 2020 年常规污染物减排协同效益的当年价值，考虑协同效益的边际减排成本曲线将整体下移。

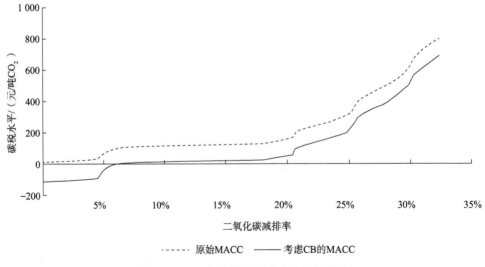

图 6.5 2020 年边际减排成本曲线的移动

当考虑协同效益时，在碳税水平低于 100 元/吨 CO_2 的情况下，协同效益完全可以补偿边际减排成本，即此时减排的同时存在正的减排效益；在碳税水平在

100~800 元/吨 CO_2 时,边际减排成本不能完全被补偿,即此时减排需要付出一定的政策成本,但此时的政策成本在考虑协同效益后有所降低。协同效益空间的全国平均水平在 107.8~124.1 元/吨 CO_2 减排,考虑分区域的协同效益将会根据收入水平和人口密度有所差异。

2030 年 CO_2 的边际减排成本曲线如图 6.6 所示,在 2030 年核算常规污染物减排协同效益的当年价值量,并重新绘制边际减排成本曲线。在碳税水平低于 120 元/吨 CO_2 的情况下,协同效益可以补偿全部的边际减排成本,也即此时减排的同时存在正的减排效益;在碳税水平在 120~800 元/吨 CO_2 时,边际减排成本为正,此时减排需要付出一定的政策成本,但此政策成本考虑协同效益后已经在原有的基础上有所降低。协同效益空间的全国平均水平在 100.8~175.2 元/吨 CO_2,较 2020 年有所增加,这主要是我们根据 GDP 的增长对不同年份的收入水平进行了调整。

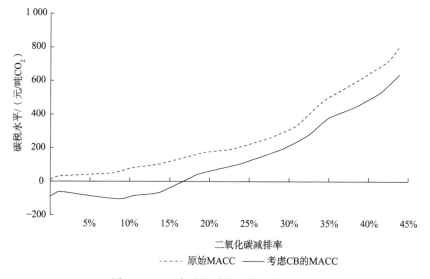

图 6.6 2030 年边际减排成本曲线的移动

分部门来看,2020 年电力部门协同效益在 109.1~119.9 元/吨 CO_2;交通部门协同效益在 27.1~64.9 元/吨 CO_2;建筑部门协同效益在 733.7~1 027.1 元/吨 CO_2。2030 年电力部门协同效益在 171.1~179.7 元/吨 CO_2;交通部门协同效益在 57.2~89.1 元/吨 CO_2;建筑部门协同效益在 1 100~1 401 元/吨 CO_2。由于 $PM_{2.5}$ 的环境损害效益估值较高,因此 $PM_{2.5}$ 减排量较大的部门会有较高的协同效益估值。

图 6.7 给出了基准情景下对应于不同减排率的减排成本及效益的占比,其中实线部分是由于协同减排常规污染物产生的环境协同效益,而虚线则是总减排

成本占 GDP 的比例。从图中可以看出边际减排成本随减排率的增加快速上升，当相对基准情景的减排率在20%时，对应的减排成本占 GDP 比例约为 0.1%，而当减排率增加到 30%和 40%时，则对应的减排成本快速增加到 GDP 的 0.3%和 0.7%。与减排成本随减排率快速上升的情况不同，协同效益占 GDP 的比例基本随二氧化碳减排率线性增加，大约减排率每增加 10%，协同效益增加约 0.1%。因此在基准情景下，减排率小于 30%时，减排二氧化碳产生的环境效益完全可以补偿二氧化碳的减排成本，而当减排率超过 30%时，总的减排成本开始超过环境的协同效益。

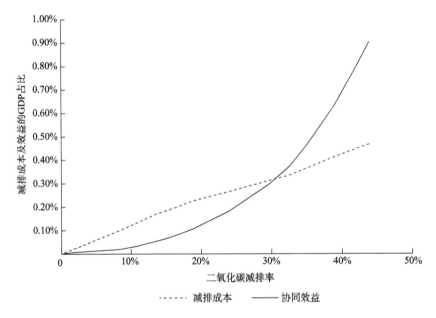

图 6.7 不同减排率下减排成本及效益的 GDP 占比（参考情景）

6.4.3 强化末端控制的边际减排成本曲线

在严格的 EPC 情景下，协同效益相应地会缩小，这主要是由于污染物减排的物理量减少。这与关于协同效益的研究中，对于污染管制较低的区域协同效益更大的结论一致。

如图 6.8 中 EPC 情景的设定下，2020 年协同效益会缩小到 35.8~39.8 元/吨 CO_2。碳税水平在低于这一区间时的其边际减排成本可以被协同效益所抵消，也即可以获得正的减排效益。如图 6.9 所示，2030 年协同效益缩小到 15.5~30.5 元/吨 CO_2。碳税水平在这一水平下时的边际减排成本可以被协同效益抵消。整体来看，协同效益相比参考情景减少。因此，一方面，实现较大的综合减排率和增加协同效益之间存在一定的平衡取舍关系；另一方面，即使 EPC 提到最高水平，仍然能有可观测到的协同效益存在，因此即便在严格的末端处理情景下，引入碳价仍然可以产生一定程度的协同减排效益。

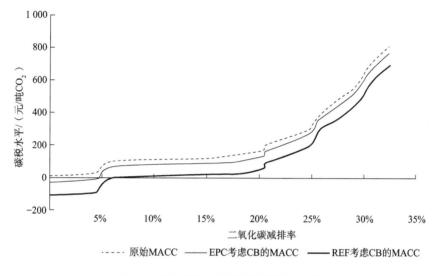

图 6.8　2020 年的二氧化碳边际减排曲线

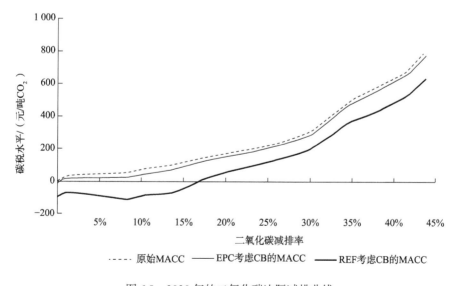

图 6.9　2030 年的二氧化碳边际减排曲线

图6.10给出了EPC情景下对应于不同减排率的减排成本及效益的占比,从图中可以看到协同效益占GDP的比例仍然随二氧化碳减排率线性增加。但由于EPC情景下采取了更为激进的末端治理措施,减排二氧化碳协同减排的污染物将比基准情景大幅度下降,仅有基准情景下的约六分之一。因而对应的协同效益也比基准情景有大幅度降低,大约减排率每增加10%,协同效益仅增加约0.02%。因此在强化末端情景下,仅在减排率小于3%时,减排二氧化碳产生的环境效益才完全可以补偿二氧化碳的减排成本,而在减排率高于这一水平时,总的减排成本将超过环境的协同效益,并随着减排率的增加快速上升。

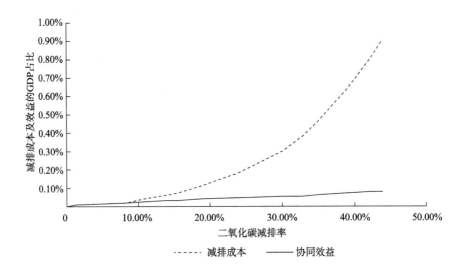

图6.10 不同减排率下减排成本及效益的GDP占比(EPC情景)

图6.11综合比较了基准情景下和EPC情景下不同减排率下协同效益与减排成本。从图中可以看到,协同效益的大小及其与减排成本的关系取决于末端治理措施的严格程度。当末端治理措施较弱时,二氧化碳协同减排常规污染物的效益较高,而当末端治理措施较为严格时,这一协同效益将大大缩小。对于我国2030年达峰的情景而言,其对应的减排率大约为13.4%,因而对应的碳价水平大约为75元/吨CO_2,而考虑到2030年我国为实现空气质量全面达标的目标必须采取极其严格的末端处理措施,因此我们预计2030年的情况应当更接近于严格末端治理措施情景下的情况。在这一情况下,减排一吨二氧化碳仍然可以带来约25元的环境协同效益。

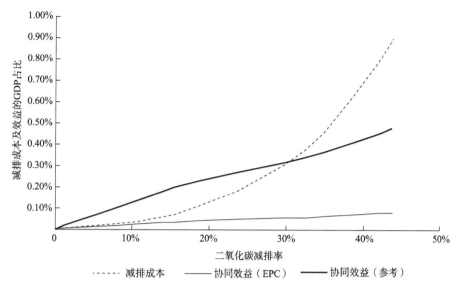

图 6.11　不同减排率下减排成本及效益的 GDP 占比（两种情景）

6.5　本章小结

本节的主要结论为，研究发现 PM、NO_X 和 SO_2 的全国平均环境损害价值分别为 7 721 美元/吨、1 006 美元/吨和 902 美元/吨。该效果评估可以作为其他行业减排技术选择评价和相关福利损失的基础。在省市层面，损害成本由于不同的人口密度和人均收入而存在明显差异。考虑到能够获取可观的协同效益，碳排放减少和地方污染物的联合控制能够显著降低控制措施的减排成本。本章也评估了不同技术在省市层面的协同效益范围。在国家层面，数值根据当年汇率对应为 3.07~39.51 美元/吨 CO_2。有文献研究总结了 37 个行业评议研究结果，得到 2~196 美元/吨 CO_2 的评价范围，可以看到我们的估计与现有文献保持一致。在环境损害和协同效益估计中存在的区域差异为在中国相对富裕地区实施更加严格的气候政策提供了理论依据。

本章基于 China-MAPLE 模型获取了全经济边际减排成本曲线，并构建了考虑协同效益的边际减排成本曲线。在参考情景下，2020 年协同效益空间的全国平均水平在 107.8~124.1 美元/吨 CO_2 减排，2030 年全国平均水平在 100.8~175.2 美元/吨 CO_2。EPC 情景下，2020 年协同效益会缩小到 35.8~39.8 美元/吨 CO_2。2030 年协同效益相比参考情景减少到 15.5~30.5 美元/吨 CO_2。协同效益的大小及其与减排成本的关系取决于末端治理措施的严格程度。当末端治理措施较弱时，二氧化碳协同减排常规污染物的效益较高,而当末端治理措施较为严格时,这一协同效益将大大缩小。对于我国 2030 年达峰的情景而言,其对应碳价水平大约为 75 美元/吨 CO_2,在此情景下减排一吨二氧化碳仍然可以带来约 25~100 元的环境协同效益,协同效益的大小取决于 2030 年末端治理措施的严格程度。

第 7 章　结论及建议

7.1　结论及主要政策建议

2014 年 11 月发布的《中美气候变化联合声明》重申全球气候变化是人类面临的最大威胁，应对气候变化需要各方基于共同利益一同努力。以往对于气候变化，国内政策及国际谈判更多地根据应对气候变化将损害经济增长的论点去关注应对气候变化的成本，因而各方在国内应对气候变化时往往将其与经济发展对立。在国际谈判时进一步演变为成本分担的"零和博弈"，导致各方均不愿采取更为积极的应对气候行动。同时对于包括中国在内的发展中国家而言，面临着经济可持续发展等诸多挑战，亟须协调多个政策目标，通过协同治理以综合应对。而近年来，越来越多的研究开始关注应对气候变化的协同效益，特别侧重应对气候变化在经济发展、能源安全、环境改善和竞争力增加等一系列领域可能带来的正面影响。无论是从国际还是国内，气候变化经济学的焦点问题正从减缓成本转向以研究应对气候变化的协同效益为核心。我国已提出了在 2030 年左右二氧化碳排放达到峰值且将努力早日达峰的目标，并计划到 2030 年非化石能源占一次能源消费比重提高到 20%左右。中国的能源和温室气体减排政策也亟须从这一新的视角进行更为全面的研究，以为我国未来的气候变化政策制定提供更为坚实的支撑。

本书紧紧围绕这一重大研究需求完成了两方面的研究工作：一是基于局部均衡模型的框架建立了 China-MAPLE 模型平台，在能源系统优化的基础上，进一步拓展了污染物排放和效益评价模块，改进了以往能源模型基于燃料消费或基于活动水平的连接方法，为在综合框架下实现能源环境政策的综合评价提供了研究工具与方法学；二是基于本书开发的 China-MAPLE 模型平台，围绕减排成本与效益分析、能源二氧化碳减排及常规污染物协同减排等主要问题进行了三个方面的主要研究，得出了如下研究结论。

(1) 利用 China-MAPLE 模型平台对未来我国二氧化碳及常规污染物的协同减排进行了情景分析。

在维持现有减排努力的基准情景下，2030 年我国的一次能源消费将达到 59.1 亿吨标准煤，能源相关二氧化碳排放达到 123.8 亿吨，相比 2010 年单位 GDP 排放强度下降 45.7%，非化石能源占一次能源比重达到 13.9%。在维持现有末端治理措施力度的情况下，到 2030 年 SO_2、NO_X 及一次细颗粒物的排放将分别比 2010 年增加 163.2%、81.9% 和 60.2%，空气质量将进一步恶化。

在 EPC 情景下，如果仅依靠更为严格末端治理措施而不进行采取更进一步的节能和温室气体减排措施，2030 年 SO_2、NO_X 及一次细颗粒物的排放可分别比基准情景下降 87.8%、79.1% 和 83.7%，比 2010 年水平分别下降了 68.1%、61.3% 和 73.4%。通过加强末端处理措施可以有效控制常规污染物的排放并显著改善空气质量，但距离我国空气质量全面达标的要求仍有差距。一方面，EPC 情景假设了 BAT 的全面推广和排放标准的严格执行，这对技术和管理均提出了相当高的要求；另一方面，即便是在如此严苛的技术和管理要求下，污染物排放的下降仍然难以达到空气质量全面改善的要求。因此单独依靠末端治理措施无法实现我国空气质量的全面达标，必须结合末端治理和源头控制的协同增效。

在进一步采取节能和二氧化碳减排努力的 DDP 情景下，我国的 2030 年一次能源消费将达到 49.15 亿吨标准煤，能源相关二氧化碳排放达到 106 亿吨，相比 2010 年单位 GDP 排放强度下降 61.7%，非化石能源占一次能源比重达到 14.19%。相比持续基准情景，我国 2030 年能源相关二氧化碳降低约 17.3 亿吨，2050 年能源相关二氧化碳降低 61.4 亿吨。在 DDP 情景下，再辅之以严格的末端治理措施，通过末端治理和源头减排的协同控制，2030 年 SO_2、NO_X 及 $PM_{2.5}$ 的排放可以比 2010 年分别下降 78.85%、77.56% 和 83.32%，基本实现空气质量全面达标的要求。

(2) 拓展了传统的边际减排成本曲线方法学，提出了考虑协同效益的边际减排成本曲线，并利用 China-MAPLE 模型进行了分部门和全经济部门的成本效益分析。

控制能源相关的二氧化碳排放可以产生显著的协同效益。基于水泥行业的案例分析表明，水泥行业的协同效益全国平均为 20.5~263.5 元/吨 CO_2。协同效益除了具有明显的部门特征外还具有明显的地域分布特征，与区域发展水平和人口密度密切相关。我们基于区域分析的结果表明，在各省市之间协同效益的估计可以相差 67 倍以上，因此未来实现协同效益的政策必须综合考虑其部门和区域地理分布的特点。

本书根据 China-MAPLE 模型构建了考虑协同效益的边际减排成本曲线，分析表明在目前的末端治理水平下，2020 年减排一吨 CO_2 产生的协同效益在 105.1~120.9 元/吨 CO_2，2030 年进一步增加到 97.5~169.8 元/吨 CO_2。控制能源相关二氧化碳排放的协同效益与末端治理水平密切相关。由于各部门末端治理技术的水平各不相同，控制能源相关二氧化碳产生的协同效益在各部门间也有较大差异。协同效益最大的是居民部门（约 717.8 元/吨 CO_2），主要原因是居民部门散煤的消费较多且末端控制水平不高；其次是电力部门，约为 108.7 元/吨 CO_2，协同效益最小的是交通部门，为 31.2 元/吨 CO_2。

随着末端治理措施水平的逐步提高，控制二氧化碳的环境协同效益也随之降低。在最严格的 EPC 情景下，协同效益将从基准情景的 117.8 元/吨 CO_2 下降到严格 EPC 情景下的 35.1 元/吨 CO_2；但即便在最严格的 EPC 情景下，由于协同效益的估计约为 35.1 元/吨 CO_2，碳定价机制仍然可以通过促进上游的节能和燃料替代实现末端污染物的减排。

协同效益的大小及其与减排成本的关系取决于末端治理措施的严格程度。当末端治理措施较弱时，二氧化碳协同减排常规污染物的效益较高，而当末端治理措施较为严格时，这一协同效益将大大缩小。边际减排成本随减排率的增加快速上升，当相对基准情景的减排率在 20%时，对应的减排成本占 GDP 比例约为 0.1%，而当减排率增加到 30%和 40%时，则对应的减排成本快速增加到 GDP 的 0.3%和 0.7%。协同效益占 GDP 的比例基本上随二氧化碳减排率线性增加，在较弱末端治理的基准情景下大约减排率每增加 10%，协同效益增加约 0.1%。因此在基准情景下，减排率小于 30%时，减排二氧化碳产生的环境效益完全可以补偿二氧化碳的减排成本，而当减排率超过 30%时，总的减排成本开始超过环境的协同效益。而在 EPC 情景下，大约减排率每增加 10%，协同效益仅增加约 0.02%。因此在 EPC 情景下，仅在减排率小于 3%时，减排二氧化碳产生的环境效益才完全可以补偿二氧化碳的减排成本。

对于我国 2030 年达峰的情景而言，其对应碳价水平大约为 75 元/吨 CO_2，在此情景下减排一吨二氧化碳仍然可以带来 25~100 元的环境协同效益，协同效益的大小取决于 2030 年末端治理措施的严格程度。

7.2 研究特点和创新之处

建立了评价温室气体协同效益评价的 China-MAPLE 模型，丰富完善了我国温室气体减排政策评价的理论工具及模型分析平台。该模型建立在能源系统优化的基础上，除具有目前主流能源模型的规范框架外，还具有如下主要特点。

（1）体现不同资源成本及储量动态变化的供给曲线。与大多数模型采用的单一资源生产成本不同，本书对主要资源如不可再生资源如煤炭、石油和天然气,以及可再生资源如水电资源、风电和太阳能资源,研究考虑了资源的不同来源(国内生产和进出口来源),基于国内生产资源的不同产区(如华北、华东、东北、中南、东南和西部等),在不同的生产能力和生产成本下的资源供给情况。对于自底向上的能源优化模型,资源供给的价格梯度会直接影响技术选择,进而使能源系统优化后的技术构成更具合理性,可以更加充分反映资源选择与替代。

(2)反映温室气体与环境排放同源性的连接方式。与大多数模型采取的基于能源消费或活动水平的概括化连接方式不同,本书依托文献分析引入了基于技术的多污染物排放系数,细致刻画了能源消费、温室气体排放和污染物排放同根同源的特点,此外本书还在能源模型基础上进一步拓展了末端处理模块和协同效益分析模块。基于这种细致刻画,模型可以更详细地考察不同能源排放情景和末端处理情景的组合,为考察能源及二氧化碳减排政策与环境政策的协同提供更为全面细致的分析。

基于 China-MAPLE 模型分析了我国温室气体减排目标与环境目标的协同关系,通过构建不同情景对我国 2030 年达峰的减排目标与 2030 年空气质量全面达标目标之间的关系进行了研究,这些研究对于我国明确国家自主减排承诺的范围与幅度,对内统筹考虑气候变化与环境的政策目标,对外解释宣传我国 2030 年达峰自主承诺的力度均有重要的参考意义。目前针对各国自主承诺的分析还大多是基于减排成本及潜力,本书基于效益的角度是分析我国未来可能自主承诺的一次新的探索与尝试。

本书提出了考虑协同效益的边际减排成本曲线,修正了常用的边际减排成本曲线方法学,在边际减排成本分析的基础上纳入了协同效益分析,从成本效益的角度为未来气候变化政策和污染物减排政策的协同增效提供了新的分析工具,并从部门、地域和全经济范围三个角度对考虑协同效益的边际减排成本曲线进行了研究。

7.3 研究侧重点

需要特别指出的是本书研究的协同效益是指气候变化减缓行动在非气候领域产生的正外部性,主要包括由于温室气体减排产生的环境及健康效益,而由于温室气体减排行动之外的其他政策,如单纯的环境政策,所产生的减排效果及其效益并不在本书研究范围之内。当然很多政策难以明确区分其属于气候政策、能源政策还是环境政策,大多数政策具有多重的政策目标。对于具有多重政策目标的政策，如果气候目标是其政策目标的一部分，本书也将其归类为气候政策并研究其成本及效益。因而本书对气候政策的定义是广义的，但并不包括其他非气候目标的政策，如环境的末端治理措施，这一处理方式是为了保证效益的定义及范围不会被无限制扩大。未来更好的处理方式是在本书的模型框架下进行多政策目标的最优路径分析。

除此以外，本书研究还存在不足和有待进一步完善之处，后续需要从以下几个方面进一步开展工作。

（1）将模型从能源及工业过程相关二氧化碳进一步拓展为全口径温室气体。

在现有模型的基础上对温室气体的排放种类进行扩展，除了二氧化碳排放之外，考虑其他短寿命温室气体排放，如氧化亚氮（N_2O）、甲烷（CH_4）及含氟气体等，构建全口径温室气体模型，更全面地分析温室气体减排的协同效益。

（2）对 China-MAPLE 模型进行更细致的分区，并与空气质量模型对接。

在本书研究的基础上，将基于全国的点模型拓展为分区模型，通过分区模型实现能源和二氧化碳排放情景的分区估计，以便与分区的空气质量模型对接，进一步实现能源优化模型和空气质量模型间的连接与反馈，对能源环境系统进行综合优化。

参考文献

[1] IPCC. IPCC fourth assessment report: climate change 2007. http://www.ipcc.ch/publications_and_data/ar4/syr/en/contents.html[2014-03-22].

[2] IPCC. IPCC fifth assessment report: climate change 2014. http://www.ipcc.ch/report/ar5/wg3[2015-01-21].

[3] Stern N. The economics of climate change. American Economic Review, 2008, 98（2）: 1-37.

[4] Paltsev S, Reilly J M, Jacoby H D, et al. The "stern review" on the economics of climate change. National Bureau of Economic Research MIT, Working Paper 12741, 2006.

[5] Goulder L H, Pizer W A. The economics of climate change. National Bureau of Economic Research, Working Paper 11923, 2006.

[6] 中美气候变化联合声明. https://www.gov.cn/jrzg/2013-04/13/content_2377183.htm[2014-10-22].

[7] Vivid Economics. Aggregating, presenting and valuing climate change impacts. http://www.docin.com/p-690808459.html[2013-08-18].

[8] Anderson B, Borgonovo E, Galeotti M, et al. Uncertainty in integrated assessment modelling: can global sensitivity analysis be of help? IEFE Working Paper No. 52, 2012.

[9] Anthoff D, Tol R. The climate framework for uncertainty, negotiation and distribution（FUND）. Technical Description, Version 3.6, 2012.

[10] Cimato F, Mullan M. Adapting to climate change: analysing the role of government. http://www.doc88.com/p-6347321229868.html[2013-08-19].

[11] Bosello F, Roson R, Tol R S. Economy-wide estimates of the implications of climate change: human health. Ecological Economics, 2006, 58（3）: 579-591.

[12] 杨曦, 滕飞, 王革华. 温室气体减排的协同效益. 生态经济, 2013, （8）: 45-50.

[13] Porter M. America's green strategy. Scientific American, 1991, 264（4）: 168.

[14] Ambec S, Cohen M A, Elgie S, et al. The porter hypothesis at 20: can environmental regulation enhance innovation and competitiveness? Review of Environmental Economics and

Policy, 2013, 7（1）: 2-22.

[15] Johnstone N, Haščič I. Policy incentives for energy and environmental technological innovation: lessons from the empirical evidence in encyclopedia of energy. Natural Resource and Environmental Economics, 2013, 1: 98-106.

[16] Tan Y, Ochoa J J, Langston C, et al. An empirical study on the relationship between sustainability performance and business competitiveness of international construction contractors. Journal of Cleaner Production, 2015, 93（15）: 273-278.

[17] Leonidou L, Fotiadis T A, Christodoulides P, et al. Environmentally friendly export business strategy: its determinants and effects on competitive advantage and performance. International Business Review, 2015, 24（5）: 798-811.

[18] Lanzi E. Impacts of innovation: lessons from the empirical evidence in encyclopedia of energy. Natural Resource and Environmental Economics, 2013, 1: 82-88.

[19] Gomes C M, Kneipp J M, Kruglianskas I, et al. Management for sustainability: an analysis of the key practices according to the business size. Ecological Indicators, 2015, 52: 116-127.

[20] Meleo L. On the determinants of industrial competitiveness: the European Union emission trading scheme and the Italian paper industry. Energy Policy, 2014, 74: 535-546.

[21] Nulkar G. SMEs and environmental performance—a framework for green business strategies. Procedia - Social and Behavioral Sciences, 2014, 133: 130-140.

[22] Nemet G F. Technological change and climate change policy in encyclopedia of energy. Natural Resource and Environmental Economics, 2013, 17: 107-116.

[23] Slowak A P, Taticchi P. Technology, policy and management for carbon reduction: a critical and global review with insights on the role played by the Chinese Academy. http://www.doc88.com/p-1973437980644.html[2015-08-12].

[24] Zain M, Kassim N M. The influence of internal environment and continuous improvements on firms competitiveness and performance. Procedia-Social and Behavioral Sciences, 2012, 65: 26-32.

[25] Berman E, Bui L T. Environmental regulation and productivity: evidence from oil refineries. The Review of Economics and Statistics, 2001, 83: 498-510.

[26] Buxel H, Esenduran G, Griffin S. Strategic sustainability: creating business value with life cycle analysis. Business Horizons, 2015, 58: 109-122.

[27] Lanoie P, Laurent-Lucchetti J, Johnstone N, et al. Environmental policy, innovation and performance: new insights on the porter hypothesis. Journal of Economy Management Strategy, 2011, 20（3）: 803-842.

[28] James M. The impacts of climate change on European employment and skills in the short to medium-term: a review of the literature. http://www.voced.edu.au/node/79720[2009-05-29].

[29] Wei M, Patadia S, Kammen D M. Putting renewables and energy efficiency to work: how many jobs can the clean energy industry generate in the US? Energy Policy, 2010, 38（2）: 919-931.

[30] Chateau J, Saint-Martin A, Manfredi T. Employment impacts of climate change mitigation policies in OECD: a general equilibrium perspective. OECD Environment Working Papers, 2010.

[31] Deschenes O. Green jobs. International Encyclopedia of the Social & Behavioral Sciences (2nd ed), 2015: 372-378.

[32] Bang G. Energy security and climate change concerns: triggers for energy policy change in the United States? Energy Policy, 2010, 38（4）: 1645-1653.

[33] Chalvatzis K J, Hooper E. Energy security vs. climate change: theoretical framework development and experience in selected EU electricity markets. Renewable and Sustainable Energy Reviews, 2009, 13（9）: 2703-2709.

[34] Lefevre N. Energy security and climate policy. International Energy Agency, Paris, 2007.

[35] Victor N, Nichols C, Balash P. The impacts of shale gas supply and climate policies on energy security: the U.S. energy system analysis based on MARKAL model. Energy Strategy Reviews, 2014, 5: 26-41.

[36] Brown P A, Huntington H G. Energy security and climate change protection: complementarity or tradeoff? Energy Policy, 2008, 36（9）: 3510-3513.

[37] Bazilian M, Hobbs B F, Blyth W, et al. Interactions between energy security and climate change: a focus on developing countries. Energy Policy, 2011, 39（6）: 3750-3756.

[38] Vliet O, Krey V, McCollum D, et al. Synergies in the Asian energy system: climate change, energy security, energy access and air pollution. Energy Economics, 2012, 34（3）: 470-480.

[39] IIASA. Global Energy Assessment—Toward a Sustainable Future. New York: Cambridge University Press, 2012.

[40] Viscusi W K, Aldy J E. The value of a statistical life: a critical review of market estimates throughout the world. Journal of Risk and Uncertainty, 2003, 27（1）: 5-76.

[41] Shindell D, Kuylenstierna J C, Vignati E, et al. Simultaneously mitigating near-term climate change and improving human health and food security. Science, 2012, 335（6065）: 183-189.

[42] West J J, Smith S J, Silva R A, et al. Co-benefits of mitigating global greenhouse gas emissions for future air quality and human health. Nature Climate Change, 2013, 3（10）: 885-889.

[43] Holland M, Amann M, Heyes C. The reduction in air quality impacts and associated economic benefits of mitigation policy. European Commission, Brussels, 2011.

[44] Rafaj P, Schoepp W, Russ P, et al. Co-benefits of post-2012 global climate mitigation

参 考 文 献

policies. Adaptation and Mitigation Strategies for Global Change, 2013, 18: 801-824.

[45] Stern N, de Vos R. Going the extra mile: climate change is a hot topic, and this trend has spawned new advocates for renewable energy. Refocus, 2006, 7(6): 58-59.

[46] Paltsev S, Reilly J M, Jacoby H D, et al. The MIT emissions prediction and policy analysis (EPPA) model. Joint Program on the Science and Policy of Global Change, Massachusetts Institute of Technology, 2005.

[47] Cox J C, Ingersoll J E, Ross S A. An intertemporal general equilibrium model of asset prices. Econometrica, 1985, 53(2): 363-384.

[48] Manne A S, Richels R G. MERGE: an integrated assessment model for global climate change. Energy and Environment, 2005: 175-189.

[49] 刘小敏, 付加锋. 基于CGE模型的2020年中国碳排放强度目标分析. 资源科学, 2011, 33(4): 634-639.

[50] 樊明太, 郑玉歆, 齐舒畅, 等. 中国贸易自由化及其对粮食安全的影响——一个基于中国农业CGE模型的应用分析. 农业经济问题, 2005, (S1): 3-13.

[51] 杨宏伟, 宛悦, 增井利彦. 可计算一般均衡模型的建立及其在评价空气污染健康效应对国民经济影响中的应用. 环境与健康杂志, 2005, 22(3): 166-170.

[52] 曹静. 走低碳发展之路: 中国碳税政策的设计及CGE模型分析. 金融研究, 2009, (12): 19-29.

[53] 牛玉静, 陈文颖, 吴宗鑫. 全球多区域CGE模型的构建及碳泄漏问题模拟分析. 数量经济技术经济研究, 2012, (11): 34-50.

[54] 王灿, 陈吉宁, 邹骥. 可计算一般均衡模型理论及其在气候变化研究中的应用. 上海环境科学, 2003, (3): 22-27.

[55] 庞军, 邹骥. 可计算一般均衡（CGE）模型与环境政策分析. 中国人口资源与环境, 2005, 15(1): 56-60.

[56] 庞军, 邹骥, 傅莎. 应用CGE模型分析中国征收燃油税的经济影响. 经济问题探索, 2008, (11): 69-73.

[57] 姚云飞, 梁巧梅, 魏一鸣. 主要排放部门的减排责任分担研究: 基于全局成本有效的分析. 管理学报, 2012, 9(8): 1239-1243.

[58] 樊静丽, 张贤, 梁巧梅. 基于CGE模型的出口退税政策调整的减排效应研究. 中国人口资源与环境, 2013, (4): 55-61.

[59] SEI (Stockholm Environment Institute). Long Range Energy Alternatives Planning (LEAP) System. https://www.energycommunity.org/default.asp?action=introduction[2015-03-16].

[60] Chen W, Yin X, Zhang H. Towards low carbon development in China: a comparison of national and global models. Climatic Change, 2013, 136(1): 99-185.

[61] Chen W, Li H, Wu Z. Western China energy development and west to east energy transfer:

application of the western China sustainable energy development model. Energy Policy, 2010, 38 (11): 7106-7120.

[62] Chen W. The costs of mitigating carbon emissions in China: findings from China MARKAL-MACRO modeling. Energy Policy, 2005, 33 (7): 885-896.

[63] IIASA (International Institute for Applied Systems Analysis). http://www.iiasa.ac.at/web/home/research/modelsData/MESSAGE/MESSAGE.en.html[2015-06-11].

[64] NIES (National Institute for Environmental Studies). Manual Enduse Model Asia–Pacific Integrated Model. http://www-iam.nies.go.jp/aim/[2016-09-21].

[65] 姜克隽, 胡秀莲, 庄幸, 等. 中国2050年的能源需求与CO_2排放情景. 气候变化研究进展, 2008, 4 (5): 296-302.

[66] 陈文颖, 高鹏飞, 何建坤. 用MARKAL-MACRO模型研究碳减排对中国能源系统的影响. 清华大学学报（自然科学版）, 2004, 44 (3): 342-346.

[67] Burtraw D, Krupnick A, Palmer K, et al. Ancillary benefits of reduced air pollution in the US from moderate greenhouse gas mitigation policies in the electricity sector. Journal of Environmental Economy Management, 2003, 45 (3): 650-673.

[68] Aunan K, Fang J H, Vennemo H, et al. Co-benefits of climate policy—lessons learned from a study in Shanxi, China. Energy Policy, 2004, 32 (4): 567-581.

[69] Creutzig F, He D. Climate change mitigation and co-benefits of feasible transport demand policies in Beijing. Transportation Research Part D: Transport and Environment, 2009, 14 (2): 120-131.

[70] Xu Y, Masui T. Local air pollutant emission reduction and ancillary carbon benefits of SO (2) control policies: application of AIM/CGE model to China. European Journal of Operational Research, 2009, 198 (1): 315-325.

[71] He K, Lei Y, Pan X, et al. Co-benefits from energy policies in China. Energy, 2010, 35 (11): 4265-4272.

[72] Yang X, Teng F, Wang G. Incorporating environmental co-benefits into climate policies: a regional study of the cement industry in China. Applied Energy, 2013, 112: 1446-1453.

[73] 毛显强, 曾桉, 胡涛, 等. 技术减排措施协同控制效应评价研究. 中国人口·资源与环境, 2011, 2 (12): 1-7.

[74] Cao J, Yang C, Li J, et al. Association between long-term exposure to outdoor air pollution and mortality in China: a cohort study. Journal of Hazardous Materials, 2011, 186 (2~3): 1594-1600.

[75] Bilen K, Ozyurt O, Bakırcı K, et al. Energy production, consumption, and environmental pollution for sustainable development: a case study in Turkey. Renewable and Sustainable Energy Reviews, 2008, 12 (6): 1529-1561.

[76] Krewitt W, Heck T, Trukenmuller A, et al. Environmental damage costs from fossil electricity generation in Germany and Europe. Energy Policy, 1999, 27 (3): 173-183.

[77] Lindhjem H, Hu T, Ma Z, et al. Environmental economic impact assessment in China: problems and prospects. Environmental Impact Assessment Review, 2007, 27 (1): 1-25.

[78] Zhang Q, Weili T, Yumei W, et al. External costs from electricity generation of China up to 2030 in energy and abatement scenarios. Energy Policy, 2007, 35 (8): 4295-4304.

[79] Jakob M. Marginal costs and co-benefits of energy efficiency investments: the case of the Swiss residential sector. Energy Policy, 2006, 34 (2): 172-187.

[80] Fankhauser S, Tol R S. On climate change and economic growth. Resource and Energy Economics, 2005, 27 (1): 1-17.

[81] Dell M, Jones B F, Olken B A. Temperature shocks and economic growth: evidence from the last half century. American Economic Journal: Macroeconomics, 2012, 4 (3): 66-95.

[82] Krusell P, Smith A. Macroeconomics and global climate change: transition for a manyregion economy. Working Paper, 2009.

[83] Dell M, Jones B F, Olken B A. Climate change and economic growth: evidence from the last half century. National Bureau of Economic Research, Working Paper 14132, 2008.

[84] Dietz S. High impact, low probability? An empirical analysis of risk in the economics of climate change. Climatic Change, 2011, 103 (3): 519-541.

[85] Frontier Economics, Irbaris, Ecofys. Economics of Climate Resilience: Synthesis Report. Frontier Economics Europe, IRBARIS LLP, and Ecofys. https://econadapt-library.eu/node/1555 [2016-10-28].

[86] Roson R, Mensbrugghe D V. Climate change and economic growth: impacts and interactions. International Journal of Sustainable Economy, 2013, 4 (3): 270-285.

[87] Berrittella M, Bigano A, Roson R, et al. A general equilibrium analysis of climate change impacts on tourism. Tourism Management, 2006, 26 (5): 913-924.

[88] Whalley J, Wigle R. Results for the OECD comparative modelling project from the Whalley-Wigle Model. OECD Economics Department Working Papers, No.121, 1992.

[89] Whalley J, Wigle R. Cutting CO_2 emissions: the effects of alternative policy approaches. The Energy Journal, 1991, 12 (1): 109-124.

[90] Burniaux J M, Martin J P, Nicoletti G, et al. GREEN-a multi-sector, multi-region general equilibrium model for quantifying the costs of curbing CO_2 emissions: a technical manual. OECD Economics Department Working Papers, 1992: 116.

[91] McKibbin W J, Wilcoxen P J. The Theoretical and empirical structure of the G-Cubed Model. Economic Modelling, 1998, 16 (1): 123-148.

[92] Bosello F, Eboli F, Pierfederici R. Assessing the economic impacts of climate change. An

updated CGE point of view. FEEM Working Paper, 2012.

[93] Eboli F, Parrado R, Roson R. Climate-change feedback on economic growth: explorations with a dynamic general equilibrium model. Environment and Development Economics, 2010, 15(5): 515-533.

[94] Reilly J, Paltsev S, Strzepek K, et al. Valuing climate impacts in integrated assessment models: the MIT IGSM. Climatic Change, 2012, 117(3): 561-573.

[95] Füssel H M. Modeling impacts and adaptation in global IAMs. Wiley Interdisciplinary Reviews: Climate Change, 2010, 1(2): 288-303.

[96] Warren R, Hope C, Mastrandrea M, et al. Spotlighting the impacts functions in integrated assessments. Research Report Prepared for the Stern Review on the Economics of Climate Change. Tyndall Centre Working Paper 91, 2006.

[97] Nordhaus W. The challenge of global warming: economic models and environmental policy. NBER Working Paper 14832, 2007.

[98] Nordhaus W. A Question of Balance: Weighing the Options on Global Warming Policies. London: Yale University Press, 2008.

[99] de Bruin K C, Dellink R B, Tol R S J. AD-DICE: an implementation of adaptation in the DICE model. Fondazione Eni Enrico Mattei Working Papers, 2007.

[100] Hope C. The PAGE09 integrated assessment model: a technical description. University of Cambridge Judge Business School Working Paper Series, 2011.

[101] Hope C. Critical issues for the calculation of the social cost of CO_2: why the estimates from PAGE09 are higher than those from PAGE2002. Climatic Change, 2013, 117(3): 531-543.

[102] Ackerman F. Can We Afford the Future? The Economics of A Warming World. New York: Zed Books, 2008.

[103] Ackerman F. Climate economics in four easy pieces. Development, 2008, 51(3): 325-331.

[104] Ackerman F, Heinzerling L. Pricing the priceless: cost-benefit analysis of environmental protection. University of Pennsylvania Law Review, 2002, 150(5): 1553.

[105] Pearce D W, Atkinson G, Mourato S. Cost-benefit analysis and the environment: recent developments. Source OECD Environment & Sustainable Development, 2006, (4): 31-77.

[106] Arrow K, Cropper M, Gollier C, et al. Determining benefits and costs for future generations. Science, 2013, 341(6144): 349-350.

[107] van Vuuren D P, Lowe J, Stehfest E, et al. How well do integrated assessment models simulate climate change? Climatic Change, 2009, 104(2): 255-285.

[108] Nemet G F, Holloway T, Meier P. Implications of incorporating air-quality co-benefits into climate change policymaking. Environment Research Letters, 2010, 5(1): 014007.

[109] Fabian K, Paul E. Marginal abatement cost curves: a call for caution. Climate Policy, 2012, 12 (2): 219-236.

[110] The World Bank. https://data.worldbank.org/indicator/NY.GDP.MKTP.CD?locations=CN[2015-04-21].

[111] 曾毅, 顾宝昌, 梁建章, 等. 生育政策调整与中国发展. 北京: 社会科学文献出版社, 2013.

[112] Chenery H B. Interaction between theory and observation in development. World Development. 1983, 11 (10): 853-861.

[113] 谢昆. 中国城市化率与经济发展水平之间关系的研究. 南京大学硕士学位论文, 2013.

[114] 宋洪柱. 中国煤炭资源分布特征与勘查开发前景研究. 中国地质大学博士学位论文, 2013.

[115] 高天明, 沈镭, 刘立涛, 等. 中国煤炭资源不均衡性及流动轨迹. 自然资源学报, 2013, 28 (1): 92-103.

[116] 汪应宏, 郭达志, 张海荣, 等. 我国煤炭资源势的空间分布及其应用. 自然资源学报, 2006, 21 (2): 225-230.

[117] 赵媛, 郝丽莎. 我国石油资源空间流动的地域类型分析. 自然资源学报, 2009, 24 (1): 93-103.

[118] 中国能源中长期发展战略研究项目组. 中国能源中长期发展战略研究: 可再生能源卷. 北京: 科学出版社, 2011.

[119] 孙仁金, 邱坤, 单丽刚, 等. 对我国炼油化工产业链发展的思考. 中外能源, 2009, 14 (10): 1-5.

[120] 赵勇强, 王仲颖, 张正敏. 中国生物燃料发展战略和政策探讨. 国际石油经济, 2011, 19 (7): 24-30.

[121] 王大中. 21 世纪中国能源科技发展展望. 北京: 清华大学出版社, 2007.

[122] 赵钦新, 王善武. 工业锅炉技术创新与发展思路探讨. 工业锅炉, 2009, (1): 18-21.

[123] 孙涵, 成金华. 中国工业化、城市化进程中的能源需求预测与分析. 中国人口·资源与环境, 2011, 21 (7): 7-12.

[124] 邢小军, 周德群. 中国能源需求预测函数: 主成份辅助的协整分析. 数理统计与管理, 2008, (6): 945-951.

[125] 周扬, 吴文祥, 胡莹, 等. 基于组合模型的能源需求预测. 中国人口·资源与环境, 2010, 20 (4): 63-68.

[126] 于汶加, 王安建, 王高尚. 解析全球能源需求预测结果及相关模型体系. 资源与产业, 2009, 11 (3): 12-16.

[127] 林春山, 白龙. 中国钢铁长期需求: 影响因素与政策选择. 经济管理, 2010, 32 (1): 35-40.

[128] 国家统计局. 中国统计年鉴 2006. 北京: 中国统计出版社, 2006.

[129] 国家统计局. 中国统计年鉴 2007. 北京: 中国统计出版社, 2007.

[130] 国家统计局. 中国统计年鉴 2008. 北京：中国统计出版社，2008.
[131] 国家统计局. 中国统计年鉴 2009. 北京：中国统计出版社，2009.
[132] 国家统计局. 中国统计年鉴 2010. 北京：中国统计出版社，2010.
[133] 国家统计局. 中国统计年鉴 2011. 北京：中国统计出版社，2011.
[134] 国家统计局工业统计司. 中国工业统计年鉴 2010. 北京：中国统计出版社，2010.
[135] 国家统计局工业统计司. 中国工业统计年鉴 2011. 北京：中国统计出版社，2011.
[136] 国家统计局工业统计司. 中国工业统计年鉴 2012. 北京：中国统计出版社，2012.
[137] 国家统计局工业统计司. 中国工业统计年鉴 2013. 北京：中国统计出版社，2013.
[138] 中国钢铁工业协会. 中国钢铁统计 2011. 北京：中国钢铁工业协会信息统计部，2011.
[139] 中国化学工业年鉴编辑部. 中国化学工业年鉴 2005-2006 年. 北京：中国化工信息中心，2007.
[140] 中国化学工业年鉴编辑部. 中国化学工业年鉴 2010（上中下）. 北京：中国化工信息中心，2012.
[141] 中国有色金属工业协会. 中国有色金属工业年鉴 2006. 北京：中国有色金属工业协会，2006.
[142] 中国有色金属工业协会. 中国有色金属工业年鉴 2013. 北京：中国有色金属工业协会，2014.
[143] 国家统计局. 中国能源统计年鉴 2006. 北京：中国统计出版社，2006.
[144] 国家统计局. 中国能源统计年鉴 2011. 北京：中国统计出版社，2011.
[145] 国家统计局. 中国能源统计年鉴 2012. 北京：中国统计出版社，2012.
[146] 国家统计局. 中国能源统计年鉴 2013. 北京：中国统计出版社，2013.
[147] 王德荣. 中国交通运输中长期发展战略研究. 北京：中国市场出版社，2014.
[148] 清华大学中国车用能源研究中心. 中国车用能源展望 2012. 北京：科学出版社，2012.
[149] 中国交通年鉴社. 中国交通年鉴 2011. 北京：中国交通年鉴社，2011.
[150] 中国交通年鉴社. 中国交通年鉴 2012. 北京：中国交通年鉴社，2012.
[151] 中国交通年鉴社. 中国交通年鉴 2013. 北京：中国交通年鉴社，2013.
[152] 清华大学建筑节能研究中心. 中国建筑节能年度发展研究报告 2011. 北京：中国建筑工业出版社，2011.
[153] 国际能源署. 能源技术展望：面向 2050 年的情景与战略. 张阿玲，原琨，石琳，等译. 北京：清华大学出版社，2009.
[154] 中国电力年鉴编辑委员会. 中国电力年鉴 2006. 北京：中国电力出版社，2006.
[155] 中国电力年鉴编辑委员会. 中国电力年鉴 2011. 北京：中国电力出版社，2011.
[156] Dietz S. High impact, low probability? An empirical analysis of risk in the economics of climate change. Climatic Change, 2011, 103（3）：519-541.
[157] Alfsen K H, Birkelund H, Aaserud M. Impacts of an EC carbon/energy tax and deregulating

thermal power supply on CO_2, SO_2 and NO_X emissions. Environmental and Resource Economics, 1995, 5: 165-189.

[158] Alfsen K H, Brendemoen A, Glomsrød S. Benefits of climate policies: some tentative calculations. Central Bureau of Statistics, Oslo, Discussion Paper No. 69, 1992.

[159] Ayres R U, Walter J. The greenhouse effect: damages, costs and abatement. Environmental and Resource Economics, 1991, 1 (3): 237-270.

[160] Barker T. Secondary benefits of greenhouse gas abatements: the effects of a UK carbon/energy tax on air pollution. Nota di Lavoro Fondazione ENI Enrico Mattei, Milan, 1993.

[161] Barker T. Johnstone N, O'Shea T. The CEC carbon/energy tax and secondary transport-related benefits. University of Cambridge, Energy-Environment-Economy Modelling Discussion Paper No. 5, 1993.

[162] Boyd R, Krutilla K, Viscusi W K. Energy taxation as a policy instrument to reduce CO_2 emissions: a net benefit analysis. Journal of Environmental Economics and Management, 1995, 29 (1): 1-24.

[163] Burtraw D, Toman M. The benefits of reduced air pollutants in the U.S. from greenhouse gas mitigation policies. Resources for the Future, Washington, DC. Discussion Paper, 1997.

[164] Burtraw D, Toman M. "Ancillary benefits" of greenhouse gas mitigation policies. Resources for the Future, Washington, DC. Climate Change Issues Brief. No. 7, 2000.

[165] Vickers J. Economic models and monetary policy. Speech to the Governors of the National Insitute of Economic and Social Research, 1999.

[166] Bussolo M, O'Connor D. Clearing the air in India: the economics of climate policy with ancillary benefits. OECD Development Centre, Paris. Working Paper No. 182, 2001.

[167] Bye B, Kverndokk S, Rosendahl K E. Mitigation costs, distributional effects, and ancillary benefits of carbon policies in the nordic countries, the UK and Ireland. Mitigation and Adaptation Strategies for Global Change, 2002, 7 (4): 339-366.

[168] Capros P, Georgakopoulos P, van Regemorter D, et al. Climate Technology Strategies 2: The Macro-Economic Cost and Benefit of Reducing Greenhouse Gas Emissions in the European Union. New York: Physica-Verlag Heidelberg, 1999.

[169] Carraro C, Siniscalco D. Strategies for the international protection of the environment. Journal of Public Economics, 1993, 52 (3): 309-328.

[170] Cifuentes L A, Sauma E, Jorquera H, et al. Preliminary estimation of the potential ancillary benefits for Chile//OECD. Ancillary Benefits and Costs of Greenhouse Gas Mitigation. Paris, 2000: 237-261.

[171] Cline W R. The Economics of Global Warming. Washington: Institute for International Economics, 1992.

[172] Complainville C, Martins J O. NO$_X$/SO$_X$ emissions and carbon abatement. Paris. OECD Working Paper, No. 151, 1994.

[173] Davis D L, Krupnick A, McGlynn G. Ancillary benefits and costs of greenhouse gas mitigation—an overview//OECD. Ancillary Benefits and Costs of Greenhouse Gas Mitigation. Paris, 2000: 9-49.

[174] Dessus S, O'Connor D. Climate policy without tears: CGE-based ancillary benefits estimates for Chile. Environmental and Resource Economics, 2003, 25 (3): 287-317.

[175] Ekins P. How large a carbon tax is justified by the secondary benefits of CO_2 abatement? Resource and Energy Economics, 1996, 18 (2): 161-187.

[176] Ekins P. The secondary benefits of CO_2 abatement: how much emission reduction do they justify? Ecological Economics, 1996, 16 (1): 13-24.

[177] Elbakidze L, McCarl B A. Sequestration offsets versus direct emission reductions: consideration of environmental co-effects. Ecological Economics, 2007, 60 (3): 564-571.

[178] Krupnick A, Burtraw D, Markandya A. The ancillary benefits and costs of climate change mitigation: a conceptual framework//OECD. Ancillary Benefits and Costs of Greenhouse Gas Mitigation. Paris, 2000: 53-93.

[179] Loschel A, Rubbelke D T G. Impure public goods and technological interdependencies. ZEW Discussion Paper No. 05-19, 2005.

[180] Lutter R, Shogren J F. Tradable permit tariffs: how local air pollution affects carbon emissions permit trading. American Enterprise Institute, Discussion Paper, 2001.

[181] Lutz C. Umweltpolitik und die Emissionen von Luftschadstoffen - Eine empirische Analyse für Westdeutschland. Berlin: Duncker & Humblot, 1998.

[182] Morgenstern R D. Baseline issues in the estimation of the ancillary benefits of greenhouse gas mitigation policies//OECD. Ancillary Benefits and Costs of Greenhouse Gas Mitigation. Paris, 2000: 95-122.

[183] Nordhaus W D. A sketch of the economics of the greenhouse effect. American Economic Review, 1991, 81 (2): 146-150.

[184] Nordhaus W D. To slow or not to slow: the economics of the greenhouse effect. Economic Journal, 1991, 101 (4): 920-937.

[185] O'Connor D. Ancillary benefits estimation in developing countries: a comparison assessment//OECD. Ancillary Benefits and Costs of Greenhouse Gas Mitigation. Paris, 2000: 377-396.

[186] Pearce D. Secondary benefits of greenhouse gas control. CSERGE Working Paper 92, 1992.

[187] Pearce D. Policy framework for the ancillary benefits of climate change policies//OECD. Ancillary Benefits and Costs of Greenhouse Gas Mitigation. Paris, 2000: 517-560.

[188] Plambeck E L, Hope C, Anderson J. The page 95 model: integrating the science and economics of global warming. Energy Economics, 1997, 19 (1): 77-101.

[189] Jewell J, Cherp A, Riahi K. Energy security under de-carbonization energy scenarios. Energy Policy, 2014, 65: 743-760.

[190] Jewell J, Cherp A, Vinichenko V, et al. Energy security of China, India, the E.U. and the U.S. under long-term scenarios: Results from six IAMs. Climate Change Economics, 2013, 4 (4): 134.

[191] Tavoni M, Socolow R. Modeling meets science and technology: an introduction to a special issue on negative emissions. Climatic Change, 2013, 118 (1): 1-14.

[192] Tavoni M, Tol R S J. Counting only the hits? The risk of underestimating the costs of stringent climate policy. Climatic Change, 2010, 100 (3~4): 769-778.

[193] Riahi K, Dentener F, Gielen D, et al. Chapter 17—energy pathways for sustainable development// GEA. Global Energy Assessment: Toward a Sustainable Future. New York: Cambridge University Press, 2002.

[194] McCollum D, Krey V, Riahi K, et al. Climate policies can help resolve energy security and air pollution challenges. Climatic Change, 2013, 119 (2): 479-494.

[195] McCollum D, Nagai Y, Riahi K, et al. Energy investments under climate policy: a comparison of global models. Climate Change Economics, 2013, 4 (4): 134.

[196] McCollum D, Krey V, Riahi K. An integrated approach to energy sustainability. Nature Climate Change, 2011, 1 (9): 428-429.

[197] Rose S K, Richels R, Smith S, et al. Non-Kyoto radiative forcing in long-run greenhouse gas emissions and climate change scenarios. Climatic Change, 2014, 123 (3~4): 511-525.

[198] Rose S K, Ahammad H, Eickhout B, et al. Land-based mitigation in climate stabilization. Energy Economics, 2012, 34 (1): 365-380.

[199] Rose S K, Kriegler E, Bibas R, et al. Bioenergy in energy transformation and climate management. Climatic Change, 2014, 123 (3~4): 477-493.

[200] Rafaj P, Bertok I, Cofala J, et al. Scenarios of global mercury emissions from anthropogenic sources. Atmospheric Environment, 2013, 79: 472-479.

[201] Rafaj P, Schöpp W, Russ P, et al. Co-benefits of post-2012 global climate mitigation policies. Mitigation and Adaptation Strategies for Global Change, 2013, 18 (6): 801-824.

[202] Riahi K, Kriegler E, Johnson N, et al. Locked into copenhagen pledges—Implications of short-term emission targets for the cost and feasibility of long-term climate goals. Technological Forecasting and Social Change, 2014, 90: 8-23.

[203] Riahi K, Rao S, Krey V, et al. RCP 8.5—A scenario of comparatively high greenhouse gas emissions. Climatic Change, 2011, 109 (1): 33-57.

[204] Rao N D. Distributional impacts of climate change mitigation in Indian electricity: the influence of governance. Energy Policy, 2013, 61: 1344-1356.

[205] West J J, Smith S J, Silva R A, et al. Co-benefits of mitigating global greenhouse gas emissions for future air quality and human health. Nature Climate Change, 2013, 3(10): 885-889.

[206] West J J, Fiore A M, Horowitz L W, et al. Global health benefits of mitigating ozone pollution with methane emission controls. Proceedings of the National Academy of Sciences of the United States of America, 2006, 103(11): 3988-3993.

[207] West J J, Fiore A M, Naik V, et al. Ozone air quality and radiative forcing consequences of changes in ozone precursor emissions. Geophysical Research Letters, 2007, 34(6): L06806.

[208] Criqui P, Mima S. European climate—energy security nexus: a model based scenario analysis. Modeling Transport (Energy) Demand and Policies, 2012, 41: 827-842.

[209] Criqui P, Kitous A, Berk M, et al. Greenhouse gas reduction pathways in the UNFCCC process up to 2025-technical report. European Commission DG Environment, Brussels Belgium, 2003.

[210] Shukla P R, Dhar S. Climate agreements and India: aligning options and opportunities on a new track. International Environmental Agreements: Politics, Law and Economics, 2011, 11(3): 229-243.

[211] Shukla P R, Dhar S, Mahapatra D. Low-carbon society scenarios for India. Climate Policy, 2008, 8(1): 156-176.

[212] Shukla P R, Garg A, Dhar A. Integrated Regional Assessment for South Asia: A Case Study. Integrated Regional Assessment of Climate Change. New York: Cambridge University Press, 2009.

[213] Akimoto K, Sano F, Hayashi A, et al. Consistent assessments of pathways toward sustainable development and climate stabilization. Natural Resources Forum, 2012, 36(4): 231-244.

[214] IEA. CO_2 emissions from fuel combustion. Beyond 2020 Online Database. International Energy Agency, Paris, 2012.

[215] IEA. World Energy Outlook 2012. Organisation for Economic Cooperation and Development/International Energy Agency, Paris, 2012.

[216] IEA. Energy Balances of Non-OECD Countries. International Energy Agency, Paris, 2012.

[217] IEA. Energy Balances of OECD Countries. International Energy Agency, Paris, 2012.

[218] Grubb M, Butler L, Twomey P. Diversity and security in UK electricity generation: the influence of low-carbon objectives. Energy Policy, 2006, 34(18): 4050-4062.

[219] Cherp A, Jewell J, Vinichenko V, et al. Global energy security under different climate

policies, GDP growth rates and fossil resource availabilities. Climatic Change, 2016, 136 (1): 83-94.

[220] Cherp A, Adenikinju A, Goldthau A, et al. Chapter 5—energy and security//GEA. Global Energy Assessment—Toward a Sustainable Future. New York: Cambridge University Press, 2012: 325-384.

[221] Babiker M H, Eckaus R S. Unemployment effects of climate policy. Environmental Science & Policy, 2007, 10 (7~8): 600-609.

[222] Fankhauser S, Sehlleier F, Stern N. Climate change, innovation and jobs. Climate Policy, 2008, 8 (4): 421-429.

[223] Babiker M H, Metcalf G E, Reilly J. Tax distortions and global climate policy. Journal of Environmental Economics and Management, 2003, 46 (2): 269-287.

[224] Guivarch C, Crassous R, Sassi O, et al. The costs of climate policies in a second-best world with labour market imperfections. Climate Policy, 2011, 11 (1): 768-788.

[225] PBL. Roads from rio 20 pathways to achieve global sustainability goals by 2050. Netherlands Environmental Assessment Agency (PBL). The Hague, 2012.

[226] Hanasaki N, Fujimori S, Yamamoto T, et al. A global water scarcity assessment under shared socio-economic pathways: part 2 water availability and scarcity. Hydrology and Earth System Sciences, 2013, 17: 2393-2413.

[227] Hejazi M I, Edmonds J, Clarke L, et al. Integrated assessment of global water scarcity over the 21st century: part 2: climate change mitigation policies. Hydrology and Earth System Sciences Discussions, 2013, 10 (3): 3383-3425.

[228] Bollen J, van der Zwaan B, Brink C, et al. Local air pollution and global climate change: a combined cost-benefit analysis. Resource and Energy Economics, 2009, 31 (3): 161-181.

[229] Hosking J, Mudu P, Dora C. Health co-benefits of climate change mitigation-transport sector. World Health Organization, 2011.

[230] Parry I W H, Veung M C, Heine M D. How much carbon pricing is in countries' own interests? The critical role of co-benefits. International Monetary Fund, 2014.

[231] Holland M R, Agren C, Farrar-Hockley C. The co-benefits to health of a strong EU climate change policy. WWF, Climate Action Network Europe, Health and Environment Alliance, 2008.

[232] Pelsoci T M. Retrospective benefit-cost evaluation of U.S. DOE wind energy R&D Program. US Department of Energy, 2010.

[233] Gallaher M, Rogozhin A, Petrusa J. Retrospective benefit-cost evaluation of U.S. DOE geothermal technologies R&D program investments. US Department of Energy, 2010.

[234] Hayes S, Herndon G, Barrett J P, et al. Change is in the air: how states can harness energy

efficiency to strengthen the economy and reduce pollution, 2014.

[235] Driscoll C T, Buonocore J J, Levy J I. US power plant carbon standards and clean air and health co-benefits. Nature Climate. Change, 2015, 5 (6): 535-540.

[236] West J J, Smith S J, Silva R A, et al. Co-benefits of mitigating global greenhouse gas emissions for future air quality and human health. Nature Climate Change, 2013, 3 (10): 885-889.

[237] Zusman E, Miyatsuka A, Evarts D, et al. Co-benefits: taking a multidisciplinary approach. Carbon Management, 2013, 4 (2): 135-137.

[238] Stockholm Environment Institute and GHG Management Institute. CORE: social & ecological co-benefits. http://www.co2offsetresearch.org/consumer/cobenefits.html[2013-12-02].

[239] Jensen H T, Keogh-Brown M R, Smith R D, et al. The importance of health co-benefits in macroeconomic assessments of UK Greenhouse Gas emission reduction strategies. Climatic Change, 2013, 121 (2): 223-237.

[240] Ürge-Vorsatz D, Herrero S T, Dubash N K, et al. Measuring the Co-Benefits of Climate Change Mitigation. Annual Review of Environment and Resources, 2014, 39 (1): 549-582.

[241] 中华人民共和国生态环境部. 全国环境统计公报（2012 年）. http://www.mee.gov.cn/gzfw_13107/hjtj/qghjtjgb/201605/t20160525_346104_wap.shtml[2013-11-04].

[242] 国务院. 国务院关于印发节能减排"十二五"规划的通知. http://www.ndrc.gov.cn/rdzt/jsjyxsh/ 201208/t20120822_500736.html[2012-08-06].

[243] 中华人民共和国工业和信息化部. 工业和信息化部印发《钢铁工业"十二五"发展规划》. http://www.miit.gov.cn/newweb/n1146285/n1146352/n3054355/n3057569/n3057574/c3565056/content.html[2011-11-07].

[244] 张夏, 郭占成. 我国钢铁工业能耗与大气污染物排放量. 钢铁, 2000, 35 (1): 63-68.

[245] 高继贤, 刘静, 曾艳, 等. 活性焦（炭）干法烧结烟气净化技术在钢铁行业的应用与分析——工艺与技术经济分析. 烧结球团, 2012, 37 (1): 65-69.

[246] Schultmann F, Jochum R, Rentz O. A methodological approach for the economic assessment of best available techniques demonstrated for a case study from the steel industry. The International Journal of Life Cycle Assessment, 2001, 6 (1): 19-27.

[247] Remus R, Monsonet M, Roudier S, et al. Best Available Techniques (BAT) reference document for iron and steel production. Joint Research Centre of the European Commission, 2013.

[248] 国家统计局. 第一次全国污染源普查公报. http://www.stats.gov.cn/tjsj/tjgb/qttjgb/Qgqttjgb/201002/t20100211_30641.html[2010-02-11].

[249] 沈晓林, 刘道清, 林瑜, 等. 宝钢烧结烟气脱硫技术的研发与应用. 宝钢技术, 2009, (3): 7-11.

[250] 陈健. 烧结烟气氮氧化物减排技术路径探讨. 环境工程, 2014, (S1): 459-464.

[251] 刘大钧, 魏有权, 杨丽琴. 我国钢铁生产企业氮氧化物减排形势研究. 环境工程, 2012, 30(5): 118-123.

[252] 段菁春, 柴发合, 谭吉华, 等. 钢铁行业氮氧化物控制技术及对策. 环境污染与防治, 2013, 35(3): 100-104.

[253] 江剑. 除尘灰使用对烧结过程及节能降耗的影响研究. 武汉科技大学硕士学位论文, 2013.

[254] 张春霞, 王海风, 齐渊洪, 等. 烧结烟气污染物脱除的进展. 钢铁, 2010, (12): 1-11.

[255] 曲余玲, 毛艳丽, 张东丽. 烧结烟气脱硫技术应用现状及发展趋势. 冶金能源, 2010, 29(6): 51-56.

[256] 崔红. 转炉烟气净化及煤气回收技术的应用研究. 西安建筑科技大学硕士学位论文, 2007.

[257] Schöpp W, Klimont Z, Suutari R, et al. Uncertainty analysis of emission estimates in the RAINS integrated assessment model. Environmental Science & Policy, 2005, 8(6): 601-613.

[258] 雷宇. 中国人为源颗粒物及关键化学组分的排放与控制研究. 清华大学博士学位论文, 2008.

[259] 雷宇, 贺克斌, 张强. 基于技术的水泥工业大气颗粒物排放清单. 环境科学, 2008, 29(8): 2366-2371.

[260] 富丽. 国内外水泥行业氮氧化物减排比较分析. 建材发展导向, 2012, 10(2): 9-11.

[261] 李小燕, 胡芝娟, 叶旭初, 等. 水泥生产过程自脱硫及 SO_2 排放控制技术. 水泥, 2010, (6): 16-18.

[262] 姜睿, 王洪涛. 中国水泥工业的生命周期评价. 化学工程与装备, 2010, (4): 183-187.

[263] 宋正华, 邢国梁, 杨正平. 新型干法水泥窑氮氧化物脱除技术. 中国水泥, 2009, (6): 73-74.

[264] 王则武, 王莺莺, 陈钊俊. 水泥行业氮氧化物减排技术及市场展望. 中国环保产业, 2012, (12): 31-33.

[265] 郝晓波. 水泥行业氮氧化物减排探讨. 中国水泥, 2012, (4): 53-56.

[266] 康宏, 袁文献, 曹晓凡. 新型干法水泥生产气态污染物产排放量核算研究. 中国水泥, 2011, (11): 33-35.

[267] 王永红, 薛志钢, 柴发合, 等. 我国水泥工业大气污染物排放量估算. 环境科学研究, 2008, 21(2): 207-212.

[268] 周颖, 张宏伟, 蔡博峰, 等. 水泥行业常规污染物和二氧化碳协同减排研究. 环境科学与技术, 2013, (12): 164-168.

[269] 焦永道. 水泥工业大气污染治理. 北京: 化学工业出版社, 2006.

[270] 刘后启. 水泥窑系统有害气体 SO_2 的防治. 中国水泥, 2006, (11): 74-77.

[271] 环境保护部, 国家质量监督检验检疫总局. 锅炉大气污染物排放标准(GB13271—2014).

http://m.doc88.com/p-3337858682158.html[2018-11-11].

[272] 孙德刚. 燃煤工业锅炉污染物排放特征及节能减排措施研究. 清华大学硕士学位论文, 2010.

[273] 余洁. 中国燃煤工业锅炉现状. 洁净煤技术, 2012, 18 (3): 89-91.

[274] 钟玲. 不同锅炉环境绩效评估研究. 吉林农业大学硕士学位论文, 2012.

[275] 左朋莱, 岳涛, 韩斌杰, 等. 燃煤工业锅炉大气污染物控制方案研究. 环境污染与防治, 2013, 35 (8): 100-104.

[276] 姚芝茂, 武雪芳, 王宗爽, 等. 工业锅炉大气污染物产生与排放系数影响因子分析//中国环境科学学会. 中国环境科学学会 2008 年学术年会论文集, 2008: 2238-2244.

[277] 李超, 李兴华, 段雷, 等. 燃煤工业锅炉可吸入颗粒物的排放特征. 环境科学, 2009, 30 (3): 650-655.

[278] 韩军, 徐明厚, 程俊峰, 等. 燃煤锅炉中痕量元素排放因子的研究. 工程热物理学报, 2002, (6): 770-772.

[279] 张强, Streets D, 霍红, 等. 中国人为源颗粒物排放模型及 2001 年排放清单估算. 自然科学进展, 2006, (2): 223-231.

[280] 商昱薇. 层燃工业锅炉细颗粒物 $PM_{2.5}$ 排放特性研究. 哈尔滨工业大学硕士学位论文, 2012.

[281] 薛亦峰, 聂滕, 周震, 等. 北京市燃气工业锅炉 NO_X 排放及空气质量影响分析. 环境科学与技术, 2014, (12): 118-122.

[282] 刘文彬, 周琳秋, 石凤改. 玻璃熔窑主要大气污染物的发生机制及源强的估算. 玻璃, 2010, 37 (10): 13-17.

[283] 贾世昌. 浮法玻璃窑炉 SCR 脱硝技术的应用. 环境科技, 2012, 25 (1): 49-52.

[284] 陈培国. 玻璃窑炉烟气脱硝 SCR 反应控制系统设计与研究. 南京理工大学硕士学位论文, 2013.

[285] 姚猛, 韦保仁. 中国平板玻璃需求量及能源消耗和污染物排放量预测. 建材发展导向, 2007, 5 (6): 23-26.

[286] 朱利民. 氧化铝厂烟气脱硫技术研究. 昆明理工大学硕士学位论文, 2007.

[287] 尹中林. 中国拜耳法氧化铝生产技术的发展方向. 轻金属, 2000, (4): 25-28.

[288] 张建宇, 潘荔, 杨帆, 等. 中国燃煤电厂大气污染物控制现状分析. 环境工程技术学报, 2011, (3): 185-196.

[289] 王永征. 电力用煤燃烧污染物协同析出与排放特性研究. 山东大学博士学位论文, 2007.

[290] 王志轩. 火电厂二氧化硫减排的若干问题. 中国电力, 2008, 41 (2): 44-47.

[291] 周昊. 大型电站锅炉氮氧化物控制和燃烧优化中若干关键性问题的研究. 浙江大学博士学位论文, 2004.

[292] 陈纪玲. 火电厂大气污染物综合控制技术优化研究. 华北电力大学博士学位论文, 2007.

[293] 张辉, 贾思宁, 范菁菁. 燃气与燃煤电厂主要污染物排放估算分析. 环境工程, 2012, 30 (3): 59-62

[294] 中华人民共和国环境保护部. 中国机动车污染防治年报. http://www.vecc.org.cn/huanbao/content/121.html[2016-10-02].

[295] 北京交通大学中国综合交通研究中心. 不同交通方式能耗与排放因子及其可比性研究. 能源基金会中国可持续能源项目报告. http://www.efchina.org/Reports-zh/reports-efchina-20110317-1-zh[2011-03-17].

[296] U. EPA. MOBILE6 Vehicle Emission Modeling Software. https://openei.org/wiki/MOBILE6_Vehicle_Emission_Modeling_Software[2016-12-24].

[297] Fu L X, Hao J M, He D Q, et al. Assessment of vehicular pollution in China. Journal of the Air and Waste Management Association, 2001, 51 (5): 658-668.

[298] 蔡皓, 谢绍东. 中国不同排放标准机动车排放因子的确定. 北京大学学报(自然科学版), 2010, 46 (3): 319-326.

[299] 李伟, 傅立新, 郝吉明, 等. 中国道路机动车 10 种污染物的排放量. 城市环境与城市生态, 2003, (2): 36-38.

[300] 赵旭东, 高继慧, 吴少华, 等. 干法、半干法(钙基)烟气脱硫技术研究进展及趋势. 化学工程, 2003, 31 (4): 64-67.

[301] 饶苏波, 胡敏. 干法脱硫工艺技术分析. 广东电力, 2004, 17 (3): 21-25.

[302] 蒋思国. 石灰石-石膏湿法烟气脱硫技术及其应用. 西南交通大学硕士学位论文, 2007.

[303] 吴阿峰, 李明伟, 黄涛, 等. 烟气脱硝技术及其技术经济分析. 中国电力, 2006, 39 (11): 71-75.

[304] 顾卫荣, 周明吉, 马薇. 燃煤烟气脱硝技术的研究进展. 化工进展, 2012, 31 (9): 2084-2092.

[305] 王文选, 肖志均, 夏怀祥. 火电厂脱硝技术综述. 电力设备, 2006, 7 (8): 1-5.

[306] 胡永锋, 白永锋. SCR 法烟气脱硝技术在火电厂的应用. 节能技术, 2007, 25 (2): 152-156.

[307] 陈冬林, 吴康, 曾稀. 燃煤锅炉烟气除尘技术的现状及进展. 环境工程, 2014, 32 (9): 70-73.

[308] 黄三明. 电除尘技术的发展与展望. 环境保护, 2005, (7): 59-63.

[309] 刘世明, 周相宙, 李大伟. 袋式除尘技术治理 $PM_{2.5}$ 污染的优势分析. 环境科学与技术, 2013, (S1): 233-235.

[310] 黄群慧. 中国的工业化进程: 阶段、特征与前景. 经济与管理, 2013, (7): 5-11.

[311] 窦彬. 中日韩钢铁工业能源强度的比较研究. 中国人口·资源与环境, 2008, 18 (3): 130-134.

[312] Enerdata. Energy efficiency indicators database. http://www.wec-indicators.enerdata.net/

[2015-04-10].

[313] Bollen J, Zwaan B, Brink C, et al. Local air pollution and global climate change: a combined cost-benefit analysis. Resource and Energy Economics, 2009, 31（3）: 161-181.

[314] Nilsson M. Valuation of some environmental costs within the GMS energy strategy. Asian Development Bank, 2008.

[315] Bickel P, Friedrich R. ExternE: externalities of energy, methodology 2005 update. European Communities, 2005.

[316] Kim Y M, Kim J K, Lee H J. Burden of disease attributable to air pollutants from municipal solid waste incinerators in Seoul, Korea: a source-specific approach for environmental burden of disease. Science of the Total Environment, 2011, 409（11）: 2019-2028.

[317] Krewitt W, Heck T, Trukenmuller A, et al. Environmental damage costs from fossil electricity generation in Germany and Europe. Energy Policy, 1999, 27（3）: 173-183.

[318] Kim S H, Evaluation of negative environmental impacts of electricity generation: neoclassical and institutional approaches. Energy Policy, 2007, 35（1）: 413-423.

[319] Bilen K, Ozyurt O, Bakırcı K, et al. Energy production, consumption, and environmental pollution for sustainable development: a case study in Turkey. Renewable and Sustainable Energy Reviews, 2008, 12（6）: 1529-1561.

[320] Pietrapertosa F, Cosmi C, Di Leo S, et al. Assessment of externalities related to global and local air pollutants with the NEEDS-TIMES Italy model. Renewable & Sustainable Energy Reviews, 2010, 14（1）: 404-412.

[321] Berman E, Bui L T M. Environmental regulation and labor demand: evidence from the South Coast Air Basin. Journal of Public Economics, 2001, 79（2）: 265-295.

[322] Menne B, Kunzli N, Bertollini R. The health impacts of climate change and variability in developing countries. International Journal of Global Environmental Environmental Issues, 2002, 2（3~4）: 181-205.

[323] Zvingilaite E. Human health-related externalities in energy system modelling the case of the Danish heat and power sector. Applied Energy, 2011, 88（2）: 535-544.

[324] Buran B, Butler L, Currano A, et al. Environmental benefits of implementing alternative energy technologies in developing countries. Applied Energy, 2003, 76（1~3）: 89-100.

[325] Ghorabi M J, Attari M. Advancing environmental evaluation in cement industry in Iran. Journal of Cleaner Production, 2013, 41: 23-30.

[326] Sandhu S, Smallman C, Ozanne L K, et al. Corporate environmental responsiveness in India: lessons from a developing country. Journal of Cleaner Production, 2012, 35: 203-213.

[327] von Bahr B, Hanssen O J, Vold M, et al. Experiences of environmental performance

evaluation in the cement industry. Data quality of environmental performance indicators as a limiting factor for Benchmarking and Rating. Journal of Cleaner Production, 2003, 11 (7): 713-725.

[328] Cabello Eras J J, Gutiérrez A S, Capote D H, et al. Improving the environmental performance of an earthwork project using cleaner production strategies. Journal of Cleaner Production, 2013, 47: 368-376.

[329] Habert G, Arribe D, Dehove T, et al. Reducing environmental impact by increasing the strength of concrete: quantification of the improvement to concrete bridges. Journal of Cleaner Production, 2012, 35: 250-262.

[330] Gäbel K, Tillman A M. Simulating operational alternatives for future cement production. Journal of Cleaner Production, 2005, 13 (13~14): 1246-1257.

[331] Gäbel K, Forsberg P, Tillman A M. The design and building of a lifecycle-based process model for simulating environmental performance, product performance and cost in cement manufacturing. Journal of Cleaner Production, 2004, 12 (1): 77-93.

[332] Lee T, van de Meene S. Comparative studies of urban climate co-benefits in Asian cities: an analysis of relationships between CO_2 emissions and environmental indicators. Journal of Cleaner Production, 2013, 58 (6): 15-24.

[333] Kanada M, Fujita T, Fujii M, et al. The long-term impacts of air pollution control policy: historical links between municipal actions and industrial energy efficiency in Kawasaki City, Japan. Journal of Cleaner Production, 58 (1): 92-101.

[334] Bollen J, van der Zwaan B, Brink C, et al. Local air pollution and global climate change: a combined cost-benefit analysis. Resource & Energy Economics, 2009, 31 (3): 161-181.

[335] Yubero E, Carratala A, Crespo J, et al. PM_{10} source apportionment in the surroundings of the San Vicente del Raspeig cement plant complex in southeastern Spain. Environmental Science and Pollution Research, 2011, 18 (1): 64-74.

[336] Bishop J D K, Amaratunga G A J, Rodriguez C. Using strong sustainability to optimize electricity generation fuel mixes. Energy Policy, 2008, 36 (3): 971-980.

[337] Jiang B, Sun Z, Liu M. China's energy development strategy under the low-carbon economy. Energy, 2010, 35 (11): 4257-4264.

[338] Cai W, Wang C, Chen J, et al. Comparison of CO_2 emission scenarios and mitigation opportunities in China's five sectors in 2020. Energy Policy, 2008, 36 (3): 1181-1194.

[339] Ren H, Zhou W, Gao W. Optimal option of distributed energy systems for building complexes in different climate zones in China. Applied Energy, 2012, 91 (1): 156-165.

[340] Wang Y, Zhu Q, Geng Y. Trajectory and driving factors for GHG emissions in the Chinese cement industry. Journal of Cleaner Production, 2013, 53: 252-260.

[341] Kan H, Huang W, Chen B, et al. Impact of outdoor air pollution on cardiovascular health in Mainland China. CVD Prevention & Control, 2009, 4 (1): 71-78.

[342] Huo H, Zhang Q, Guan D, et al. Examining air pollution in China using production-and consumption-based emissions accounting approaches. Environment Science Technology, 2014, 48 (24): 14139-14147.

[343] Huo H, Zhang Q, He K, et al. High-Resolution vehicular emission inventory using a link-based method: a case study of light-duty vehicles in Beijing. Environment Science Technology, 2009, 43 (7): 2394-2399.

[344] Pui D Y H, Chen S C, Zuo Z. $PM_{2.5}$ in China: measurements, sources, visibility and health effects, and mitigation. Particuology, 2014, 13: 1-26.

[345] Voorhees A S, Wang J, Wang C, et al. Public health benefits of reducing air pollution in Shanghai: a proof-of-concept methodology with application to BenMAP. Science of the Total Environment, 2014, 485~486 (1): 396-405.

[346] Gambhir A, Schulz N, Napp T, et al. A hybrid modelling approach to develop scenarios for China's carbon dioxide emissions to 2050. Energy Policy, 2013, 59: 614-632.

[347] Mestl H E S, Aunan K, Seip H M, et al. Urban and rural exposure to indoor air pollution from domestic biomass and coal burning across China. Science of the Total Environment, 2007, 377 (1): 12-26.

[348] Chen C H, Wang B Y, Fu Q Y, et al. Reductions in emissions of local air pollutants and co-benefits of Chinese energy policy: a Shanghai case study. Energy Policy, 2006, 34 (6): 754-762.

[349] Mestl H E S, Aunan K, Seip H M. Health benefits from reducing indoor air pollution from household solid fuel use in China-three abatement scenarios. Envionment International, 2007, 33 (6): 831-840.

[350] Lindhjem H, Hu T, Ma Z, et al. Environmental economic impact assessment in China: problems and prospects. Environment Impact Assessment Review, 2007, 27 (1): 1-25.

致 谢

笔者衷心感谢清华大学核能与新能源技术研究院王革华教授的悉心指导，感谢何建坤教授、张希良教授、陈文颖教授、刘滨教授和各位老师的指导。感谢国家应对气候变化战略研究和国际合作中心刘强博士、杨秀博士、傅莎博士，国家信息中心李继峰博士等，生态环境部环境与经济政策研究中心冯相昭博士等对研究工作的支持。